CIÉTÉ D'OCÉANOGRAPHIE DU GOLFE DE GASCOGNE

MISSION ARCTIQUE

Commandée par M. Charles BÉNARD

STATIONS SCIENTIFIQUES

CARTOGRAPHIE -- MÉTÉOROLOGIE

PAR LE

Commandant Charles BÉNARD

CHEF DE L'EXPÉDITION

FASCICULE VI

BORDEAUX
AU SIÈGE DE LA SOCIÉTÉ
HÔTEL DE LA MARINE NATIONALE

1911

SOCIÉTÉ D'OCÉANOGRAPHIE DU GOLFE DE GASCOGNE

MISSION ARCTIQUE

Commandée par M. Charles BÉNARD

STATIONS SCIENTIFIQUES

CARTOGRAPHIE — MÉTÉOROLOGIE

PAR LE

Commandant Charles BÉNARD

CHEF DE L'EXPÉDITION

FASCICULE VI

BORDEAUX

AU SIÈGE DE LA SOCIÉTÉ

HÔTEL DE LA MARINE NATIONALE

1911

STATIONS A LA MER

N° des stations	Indication du lieu — Latitude N	Longitude E	Année 1908 — Date	Mois	Heure	Baromètre	Thermomètre — Atmosphère	Surface	Fonds	Hygromètre
1	51° 5[illegible]'	0° 37'	13	Avril	5 h. soir	765,3	+ 8°	»	»	55
2	Flessingue		17	—	1 h. soir	768	+ 9°	»	»	65
3	Flessingue		19	—	1 h. soir	754	+ 7°	»	»	50
4	Flessingue		19	—	4 h. soir	753	+ 4°	»	»	52
5	51° 58'	1° 15'	22	—	2 h. soir	755,3	+ 7° 7	»	»	75
6	51° 59'	1° 15'	22	—	3 h. 30 soir	755	+ 8° 2	»	»	79
7	52° 50'	2°	23	—	2 h. soir	753,8	+ 5°	»	»	60
8	Imuiden		25	—	7 h. matin	742,3	— 1°	»	»	82
9	52° 44'	2°	6	Mai	2 h. soir	749,8	+ 10°	+ 7° 5	»	71
10	54° 35'	2° 2'	7	—	7 h. matin	751,8	+ 2°	»	»	78
11	57° 36'	2° 22'	8		2 h. soir	753	+ 10°	+ 6°	»	71
12	57° 54'	2° 26'	8	—	6 h. soir	752,8	+ 8°	+ 6°	»	79
13	58° 20'	2° 32'	8	—	10 h. soir	751,8	+ 6°	+ 5° 5	»	81
14	59° 04'	2° 30'	9		5 h. 30 matin	748,8	+ 5° 5	+ 5°	»	80
15	59° 20'	2° 34'	9	—	11 h. matin	748,8	+ 6° 5	+ 5°	»	75
16	Pudde-fjord		17		h. diverses	760	+ 5°	»	»	80
17	60° 43' 17"	2° 29' 20"	21		6 h. soir	762	+ 8° 5	+ 6° 5	+ 6° 8	57
18	61° 36'	2° 36'	22	—	8 h. matin	752	+ 9°	− 6° 5	+ 7°	76
19	61° 53'	2° 50'	22	—	midi	754	+ 9°	+ 7° 5	»	67

VENT		ÉTAT DU CIEL	ÉTAT DE LA MER	TRANSPARENCE	COLORATION	SONDAGE	NATURE DES OPÉRATIONS ANIMAUX CAPTURÉS INDICATIONS SPÉCIALES
IRECTION	FORCE						
N-E	6	couvert	grosse	»	»	»	Plankton.
N-E	7	couvert et à grains	»	»	»	»	Dragages, nasse, filet pélagique.
N-E	8	pluie	»	»	»	»	
N-E	6	couvert	»	»	»	»	
S-O	2	couvert	calme	»	»	30 m.	Échantillon de fond. Récolte pélagique.
S-O	4	couvert	houleuse	»	»	29 m. 50	Echantillon de fond. Plankton abondant.
N-O	5 à 6	couvert et à grains	grosse	»	»	»	Plankton très abondant.
S-O	6	couvert	»	»	»	»	Pris des petits poissons au haveneau ; tué des sternes, des larus ridibundus et un chevalier.
S-O	2	clair	clapoteuse	»	»	»	Plankton.
O	5	couvert	grosse	»	»	»	Plankton.
O	1 à 2	pluie	calme	»	»	»	Plankton.
alme	calme	couvert	calme	»	»	»	Plankton.
alme	calme	brumeux	calme	»	»	»	Plankton abondant et phosphorescent.
alme	calme	pluie	calme	»	»	»	Plankton.
alme	calme	pluie	calme	»	»	»	Plankton.
alme	calme	beau	calme	»	»	»	Cueillettes dans les roches, dans les alguières et pèches diverses.
riable	1 à 2	couvert	calme	12,50	4 + 2 T	144 m.	Plankton-E. Filet vertical.
E-S-E risées	2	pluie	plate	10	4	126 m.	Plankton-E.
S grains	4	grains de pluie	calme	8	5	130 m.	Plankton-E. Filet vertical. (Perdu un sondeur Léger et une bouteille

Nos des STATIONS	INDICATION DU LIEU		ANNÉE 1908		HEURE	BAROMÈTRE	THERMOMÈTRE			HYGROMÈTRE
	LATITUDE N	LONGITUDE E	DATE	MOIS			ATMOSPHÈRE	SURFACE	FONDS	
20	62° 12′	3°	22	Mai	6 h. soir	750	+ 8°	+ 7°	»	78
21	63° 16′	5° 18′	23	—	8 h. matin	760	+ 7°	+ 7°	»	70
22	63° 28′	6° 28′ 30″	23	—	midi	765	+ 11°	+ 7° 5	»	54
23	63° 35′	7° 09′	23	—	6 h. soir	763	+ 14° 5	+ 8° 5	»	41
24	64° 55′ 30″	9° 03′	25	—	midi	760	+ 14° 5	+ 7° 5	»	31
25	65° 24′	9° 47′	25	—	6 h. soir	759	+ 11° 5	+ 7°	»	33,5
26	66° 3′	10° 18′	26	—	8 h. 25 matin	762	+ 8° 5	+ 5° 5	+ 3° 5	63
27	66° 18′	10° 38′	26	—	midi	763	+ 9°	+ 6°	»	73
28	66° 49′	11° 1′	26	—	6 h. soir	765	+ 8°	+ 6° 5	»	78
29	67° 04′	11° 29′	26	—	9 h. 30 soir	765	+ 7° 5	+ 6°	»	76
30	67° 49′	12° 24′	27	—	8 h. matin	766	+ 6° 5	+ 6°	»	77
31	68° 5′	12° 48′	27	—	midi	766	+ 7°	+ 4° 5	»	66
32	68° 26′	13° 44′	27	—	6 h. soir	763	+ 5° 5	+ 4° 5	+ 3° 6	74
33	69° 11′	15° 42′	28	—	8 h. 30 soir	766	+ 5° 5	+ 4°	»	70

VENT		ÉTAT DU CIEL	ÉTAT DE LA MER	TRANSPARENCE	COLORATION	SONDAGE	NATURE DES OPÉRATIONS ANIMAUX CAPTURÉS INDICATIONS SPÉCIALES
DIRECTION	FORCE						
							à eau Richard, un thermomètre à renversement et 150 mètres de fil de sondage).
S-E	4 à 5	nuageux	grosse houle	11	5 à 6	»	Plankton. Le filet fin ramène des larves.
S-O	6 à 7	ciel haché	grosse	»	»	»	Plankton.
E-N-E	2	ciel pur	houleuse	9	3 - 2T	»	Plankton.
N-E	variable	alto-cumulus jaunâtres	calme	7	4	»	Plankton.
E-S-E	7	ciel haché	démontée	7	3 — 2T	»	Plankton.
E-S-E	6 à 7	ciel chargé à grains	démontée	7	5	»	Plankton.
calme	calme	nuages bas; quelques gouttes de pluie	belle	6	4-5	110 m.	Plankton - E. Le sondeur ramène de nombreux petits oursins.
calme	calme	pluie ; nuages très bas	calme	7	4	»	Plankton.
calme	calme	pluie ; nuages très bas	calme	11	5	»	Plankton.
calme	calme	ciel couvert	calme	11	4	»	Plankton. La mer est recouverte de bancs considérables d'algues flottantes remplies de poissons, de crustacés et de mollusques. Les algues sont couvertes d'une substance noire et filamenteuse composée de débris végétaux.
S	1	couvert	calme	10	5	»	Plankton. Algues flottantes.
S	3 à 4	couvert	grosse	»	5	»	Plankton. Algues flottantes.
S-O	5	pluie	grosse	»	5	105 m	Plankton-E. Filet vertical.
S-O	7 à 8	pluie abondante	grosse	»	4-5	»	Plankton.

N° des stations	Indication du lieu		Année 1908		Heure	Baromètre	Thermomètre			Hygromètre
	Latitude N	Longitude E	Date	Mois			Atmosphère	Surface	Fonds	
34	69° 32′	16° 20′	28	Mai	1 h. soir	766,5	+ 6°	+ 4°		78
35	69° 49′	17° 13′	29	—	6 h. soir	772,5	+ 7°	+ 3° 5		58
36	70° 29′	20° 40′	30	—	8 h. matin	765	+ 6°	+ 3° 5		78
37	70° 36′	21° 07′	30	—	midi	763	+ 7°	+ 3° 9	+ 3° 1	80
38	70° 40′	21° 22′	div.	Juin	»	»	»	»	»	»
39	71° 07′	22° 22′	6	—	4 h. soir	757,9	+ 6°	+ 3°	à 50 m. + 2° 4 à 111 m. + 2°, 1	44
40	71° 09′	22° 22′	6	—	6 h. soir	757	+ 5°	+ 2° 9	à 50 m. + 2° 4 à 121 m. + 2°	46
41	71° 07′	22° 15′	6	—	7 h. soir	756,8	+ 4° 5	+ 2° 8	à 50 m. + 2° 4 à 126 m. + 2°	55
42	Ile Haaïen. Mer de Barentz. Océan glacial.		22	—	après-midi	»	»	»	»	»
43	71° 36′	25° 06′	30	—	6 h. 30 soir	766,5	+ 5°	+ 6° 5	— 2°	83
44	72° 15′	28° 49′	1er	Juillet	4 h. soir	770	+ 3°	+ 5°	2° 2	82
45	72° 08′	31° 30′	2	—	4 h. soir	768	+ 3°	+ 4° 8	»	92
46	71° 18′	44° 11′	5	—	5 h. soir	759	+ 3°	+ 3° 2	»	87
47	71° 14′	48° 29′	6	—	6 h. soir	756	+ 1° 5	+ 1° 8	»	98
48	Mouil. des Samoyèdes en Belusha bay.		8	—	1 h. 30 soir	750,5	+ 5°	+ 0° 9	»	71

VENT		ÉTAT DU CIEL	ÉTAT DE LA MER	TRANSPARENCE	COLORATION	SONDAGE	NATURE DES OPÉRATIONS ANIMAUX CAPTURÉS INDICATIONS SPÉCIALES
DIRECTION	FORCE						
S-O	6	pluie abondante	démontée	»	5		Plankton. Filet vertical.
S-E	2	pluvieux, nuages bas	calme	»	4-5	65 m.	Plankton. Le sondeur Léger ramène des algues calcaires.
S-S-O	3 à 4	couvert, pluv.	houleuse	10	5		Plankton.
S-S-O	7 à 8	couvert	houleuse	11	5	40 m.	Plankton, E. Filet vertical, dragues et fauberts.
»	»	»	»	»	»	»	Pêches de tous ordres dans le port et au large d'Hammerfest.
N	4	couvert	houleuse	»	»	111 m.	Drague. Plankton E. Nombreux oiseaux. Récolté des œufs d'oiseaux en abondance.
N	3 à 2	couvert et très gris	houle de N-O	»	»	121 m.	Morues en abondance. Animaux nombreux. Le fond est tapissé d'algues arborescentes.
N	2	couvert et très gris	houle de N-O	»	»	126 m.	Morues en abondance. Animaux nombreux. Tube de Plankton.
O	3	pluie	clapoteuse	»	»	»	Cueillette sur les rochers et dans les alguières.
O-N-O	1 à 2	nuageux	houle de N-E	9,50	5	318 m.	Plankton-E. Filet vertical.
N-N-O	2	quelques nuages	belle	9,75	5	296 m.	Plankton-E. Filet vertical. Drague à étriers.
N-E	3 à 4	couvert	houleuse	8	5	»	Plankton-E.
N-N-E	5	couvert	grosse houle	»	»	»	Plankton.
N-N-E	7	couvert	mauvaise	»	»	131 m.	Néant.
E-N-E	2	couvert	clapotis	»	6	7 m.	E.

N° des stations	Indication du lieu — Latitude N	Indication du lieu — Longitude E	Année 1908 — Jour	Année 1908 — Mois	Heure	Baromètre	Thermomètre — Atmosphère	Thermomètre — Surface	Thermomètre — Fonds	Hygromètre
49	Mouil. des Samoyèdes en Belusha bay.		8	Juillet	6 h. soir	751	+ 3° 8	+ 1°	»	80
50	Belusha bay en dehors du mouillage des Samoyèdes.		9		7 h. matin	749	— 1° 5	+ 1°	»	87
51	A un demi-mille dans l'Ouest du point précédent.		9		9 h. 30 matin	749,5	+ 2° 8	+ 1° 2	»	86
52	Mouillage des Samoyèdes.		9	—	midi	749,5	+ 5°	+ 1° 8	»	95
53	Au voisinage de la station 51.		9	—	1 h. soir	749,5	+ 5°	+ 0° 7	»	95
54	A un demi mille dans l'ouest de la station 53.		9	—	2 h. soir	749,5	+ 5°	+ 2°	»	94
55	A 50 m. à l'est de la falaise de glace au nord des caps Black-Saddle		9	—	4 h. soir	749,5	+ 3°	+ 1°	— 0° 2	94
56	A 2 mètres de la falaise de glace.		9		4 h. 10 soir	749,5	+ 3°	+ 1°	— 0°	94
57	Chenal au milieu de la Belusha bay.		9	—	5 h. 30 soir	749,5	+ 3°	+ 0° 5	+ 0° 2	93
58	Belusha bay. Mouillage des Samoyèdes.		9		6 h. 30 soir	749,5	+ 3°	+ 1° 5	»	95
59	—	—	10	—	9 h. 30 matin	750	+ 6°	+ 2° 8	»	73
60			10		12 h. 30	750,3	+ 6°	+ 2° 5	»	78
61	—		10	—	6 h. 30 soir	750	+ 3° 8	+ 2° 2	»	91
62	—		11	—	9 h. 30 matin	751	+ 4° 5	+ 2°	»	91
63		—	11		12 h. 30	751,5	+ 5°	+ 2° 3	»	91
64	—		11	—	6 h. 30 soir	752	+ 5°	+ 2° 2	»	97
65	—	—	12		10 h. 30 matin	751,5	+ 6° 5	+ 2° 5	»	77
66			12		midi	755	+ 7° 5	+ 2° 5	»	66,5
67			12		7 h. 15 soir	757,8	+ 6°	+ 3°	»	80
68			13	—	5 h. matin	759	+ 3°	+ 4° 5	»	97
69	—		13	—	2 h. 30 soir	758	+ 3° 2	+ 5°	»	88
70			13	—	6 h. soir	757	+ 7° 8	+ 3° 5	»	84
71		—	14	—	10 h. matin	756	+ 8°	+ 4° 4	»	87
72			14	—	2 h. soir	756,2	+ 9°	+ 5° 7	»	87
73			14	—	6 h. soir	757	6° 5	+ 4° 5		86

VENT (DIRECTION)	VENT (FORCE)	ÉTAT DU CIEL	ÉTAT DE LA MER	TRANSPARENCE	COLORATION	SONDAGE	NATURE DES OPÉRATIONS ANIMAUX CAPTURÉS INDICATIONS SPÉCIALES
		couvert	calme	»	5	7 m.	E.
-S-O	2 à 3	couvert	plate	»	5-6	7 m.	Algues de grande taille.
-S-O	2	nuageux	plate	»	5-6	9 m.	Algues géantes avec pédoncules noyés dans la vase.
-S-O	2	nuageux	plate	»	5	8 m.	Algues, crustacés et annélides.
-S-O	1 à 2	nuageux	plate	»	5	7 m.	Echantillon de fond.
-S-O	2	nuageux	plate	»	»	2 m.	Echantillon de fond.
S-O	1 à 2	nuageux	plate	»	»	3 m	Echantillon de fond.
-S-O	2	nuageux	plate	»	»	1 m.50	Echantillon de fond.
S-O	2	nuageux	plate	»	»	14 m.	Echantillon de fond. Dragage.
S-O	1 à 2	nuageux	plate	»	»	»	»
-O	1 à 2	couvert	plate	»	5 + 6 T	»	En Belusha bay la transparence était nulle par suite de la fonte des glaces. Du 11 au 15 juillet levée des fjords Dogaïa et dragages dans la Beluska bay et dans le Kostin Charr.
S-O	2	couvert	plate	»	5	»	
S	2	couvert	plate	»	5		
S-O	1	couvert	plate	»	6	»	
S-O	1	couvert	plate	»	5	»	
S-O	1	couvert	plate	»	»	»	
S-E	1	couvert	plate	»	4-5	»	
S-O	1	couvert	plate	»	4	»	
O	1 à 2	couvert	plate	»	5	»	
S-E	1	couvert	plate	»	4-5		
S-E	1	couvert	plate	»	4	»	
S-E	1 à 2	couvert	plate	»	4	»	
-O	1	couvert	plate	»	6	»	
S-O	1 à 2	couvert	plate		5	»	
O	2 à 3	couvert	clapotis	»	4	»	

N° des STATIONS	INDICATION DU LIEU		ANNÉE 1908		HEURE	BAROMÈTRE	THERMOMÈTRE			HYGROMÈTRE
	LATITUDE N	LONGITUDE E	DATE	MOIS			ATMOSPHÈRE	SURFACE	FONDS	
74	Belusha bay. Mouillage des Samoyèdes		15	Juillet	2 h. soir	761	+ 7°	+ 3° 3	»	78
75	—	—	15	—	7 h. soir	762	+ 7°	+ 3°	»	72
76	—	—	16	—	1 h. matin	763,5	+ 4° 8	+ 3° 1	»	75
77	—	—	16	—	7 h. 30 matin	764,5	+ 6°	+ 3° 7	»	58
78	—	—	16	—	11 h. 30 matin	765	+ 9°	+ 4° 2	»	50
79	—	—	16	—	7 h. 15 soir	765	+ 11°	+ 4° 7	»	48
80	—	—	17		2 h. soir	765,5	+ 8° 5	+ 4° 7	»	65,5
81	—	—	17	—	5 h. soir	765	+ 8°	+ 4° 4	»	71
82	—	—	17	—	10 h. 30 soir	765,5	+ 3° 7	+ 4° 2	»	77
83	—	—	18	—	2 h. soir	764,5	+ 9° 8	+ 4° 8	»	55
84	—	—	18	—	6 h. soir	764,5	+ 7°	+ 4° 3	»	65
85	—	—	18	—	minuit	765,5	+ 3° 5	+ 3°	»	81
86	—	—	19	—	11 h. matin	765,1	+ 9°	+ 4° 7	»	54
87	—	—	19	—	7 h. soir	765,8	+ 10°	+ 4° 8	»	50
88	—	—	20	—	2 h. soir	763,2	+ 8° 7	+ 4° 9	»	64
89	—	—	20	—	7 h. soir	763,5	+ 8° 6	+ 4° 8	»	64,5
90			21	—	11 h. matin	756,5	+ 6° 8	+ 4° 5	»	91
91			21	—	minuit	760	+ 5° 2	+ 5°	»	90
92		—	22	—	midi	757	+ 8° 5	+ 5°	»	73
93	—	—	22	—	minuit	751,5	+ 7° 8	+ 5°	»	91
94	—	—	23	—	11 h. matin	758	+ 12°	+ 6° 5	»	81
95	—	—	23	—	6 h. 30 soir	759	+ 6° 5	+ 4° 8	»	91
96	—	—	24	—	11 h. matin	763,2	+ 5°	+ 4° 5	»	84
97	—		24	—	11 h. soir	764	+ 5°	+ 4°	»	93
98			25	—	9 h. matin	764	+ 4° 5	+ 5°	»	85
99	—	—	26	—	9 h. 30 matin	767	+ 4° 5	+ 4°	»	92
100			26	—	4 h. soir	767,5	+ 7°	+ 5° 2	»	88
101			26	—	11 h. 30 soir	767,8	+ 6° 5	+ 5°	»	89
102			27	—	2 h. soir	769	+ 13°	+ 4°	»	58
103	—	—	27	—	11 h. soir	768	+ 5°	+ 3°	»	87

VENT		ÉTAT DU CIEL	ÉTAT DE LA MER	TRANSPARENCE	COLORATION	SONDAGE	NATURE DES OPÉRATIONS ANIMAUX CAPTURÉS INDICATIONS SPÉCIALES
ECTION	FORCE						
S-E	1	couvert	calme	»	5	»	
N-O	1	couvert	calme	»	4	»	
N-E	2 à 3	clair	clapotis	»	5	»	Observat. solaire.
-N-E	3	clair	clapotis	»	3 à 2 T	»	Observat. solaire.
-N-E	3	clair	clapotis	»	4		Observat. solaire.
E	3	clair	clapotis	»	5	»	Observat. solaire.
-S-E	4	couvert	houleux	»	6	»	Toute la période du 17 au 27 juillet est employée à des dragages en Belusha et en Kostin-Charr, ainsi qu'à des excursions dans l'intérieur de la Nouv.-Zemble.
-N-E	4	couvert	houleux	»	5	»	
-N-E	4 à 5	couvert	houleux	»	4	»	
-N-E	4	couvert	houleux	»	4	»	
-N-E	5	couvert	houleux	»	6	»	
-N-E	»	couvert	houleux	»	6	»	
E	1	couvert	calme	»	5	»	
E	1	couvert	calme	»	4	»	
-S-E	3	couvert	clapotis	»	5		
-S-E	4	couvert	clapotis	»	5	»	
-N-O	1	couvert	calme	»	5	»	
-N-O	1	nuage jaune	calme	»	4-5	»	
S-E	1	couvert	calme	»	5		Orage avec deux éclairs.
S	1 à 2	couvert	calme	»	4	»	
-S-O	1	brume	calme	»	4	»	
S-O	3	brume	clapotis	»	4	»	
-N-O	3	brume	houle	»	5	»	
-N-O	3	brume	houle		4	»	
-N-O	3	brume	houle	»	5	»	
-N-O	3 à 4	brume	houle	»	4	»	
N-O	4	brume	clapotis	»	5		
-N-O	3 à 4	ciel clair	clapotis	»	5	»	
-N-O	1	ciel clair	calme	»	4	»	
-N-O	1	ciel clair	calme	»	5	»	

N° des stations	INDICATION DU LIEU		ANNÉE 1908		HEURE	BAROMÈTRE	THERMOMÈTRE			HYGROMÈTRE
	LATITUDE N	LONGITUDE E	DATE	MOIS			ATMOSPHÈRE	SURFACE	FONDS	
104	Belusha bay. Mouillage des Samoyèdes.		28	Juillet	2 h. 15 soir	766	- 8° 8	+ 5° 2	»	84
105	—	—	29		4 h. soir	764	- 5° 5	+ 5° 2	»	92
106	—	—	30	—	4 h. soir	763	+ 10° 9	+ 6°	»	84
107	—	—	30		11 h. soir	763	+ 8°	+ 5° 3	»	87
108	—	—	31		2 h. soir	763,3	+ 11°	+ 7°	»	74
109		—	31		11 h. soir	764,5	+ 7°	- 5° 7	»	80,5
110			1er	Août	2 h. soir	765	+ 18°	+ 7° 5	»	51
111			1er	—	11 h. soir	767	+ 7°	+ 6° 2	»	72
112	—	—	2		2 h. soir	769,2	+ 21° 5	+ 8°	»	52
113	—		3	—	10 h. matin	768	+ 13°	+ 7°	»	59,5
114	—		4	—	11 h. matin	763,5	- 16° 5	- 8° 2	»	53
115		—	4	—	11 h. soir	761	+ 15°	+ 7° 3	»	84
116			5	—	11 h. matin	761	+ 17°	+ 8° 5	»	63
117	—	—	5	—	11 h. soir	761	+ 16°	+ 7°	»	84
118			6		11 h. matin	760,8	+ 16°	+ 9°	»	72
119	—	—	6	—	11 h. soir	760,5	+ 11°	+ 6°	»	71
120	—		7		11 h. matin	760,5	+ 19	+ 8° 5	»	72
121			7	—	11 h. soir	761,5	+ 13	+ 7° 5	»	83
122		—	8	—	11 h. matin	761	+ 19	+ 8° 5	»	84
123		—	8		11 h. soir	763	+ 12°	+ 7°	»	85
124			9		11 h. matin	763,5	+ 15° 8	+ 7° 2	»	74
125			9	—	11 h. soir	766	+ 12°	+ 6°	»	88
126			10		11 h. matin	769	+ 14	+ 6° 8	»	80
127			10		11 h. soir	772	+ 12° 5	+ 6° 2	»	80
128			11	—	11 h. matin	773	+ 15° 8	+ 8	»	63
129			11		11 h. soir	774	+ 14	+ 6	»	85,5
130			12		11 h. matin	774	+ 20	+ 8° 5	»	60
131			12		11 h. soir	775	+ 12	+ 5° 6	»	91

VENT		ÉTAT DU CIEL	ÉTAT DE LA MER	TRANSPARENCE	COLORATION	SONDAGE	NATURE DES OPÉRATIONS ANIMAUX CAPTURÉS INDICATIONS SPÉCIALES
RECTION	FORCE						
O	1 à 2	couvert	calme		5	»	
O	1 à 2	brume	calme	»	4	»	
S-S-E	1	brume	calme	»	4	»	
-S-E	1	brume	calme	»	5		
-S-E	1	couvert	calme	»	4		
-S-E	1	couvert	calme	»	5		
-S-E	1 à 2	ciel clair	calme	»	5		
-S-E	3	couvert	houle	»	5		»
-N-E	3	ciel clair	houle	»	4 - 2 T		Dragage.
-N-E	3	couvert	clapotis	»	5		Pose de la grande nasse aux îles Fefelova.
-N-E	1	ciel clair	calme	»	4		
-N-E	1	ciel clair	calme	»	4		
-N-E	1	ciel clair	calme	»	4		
-N-E	1 à 2	ciel clair	calme	»	4		
-N-E	3	couvert	clapotis	»	5		
-N-E	3	couvert	clapotis	»	4		
-S-E	1 à 2	ciel clair	calme	»	5		
-N-E	1	couvert	calme	»	5		
-N-E	1 à 2	ciel clair	calme	»	3		
E	3	couvert	clapotis	»	4		
-S-E	3	ciel clair	clapotis	»	4		
E	4	couvert	houle	»	5		
-S-E	1 à 2	ciel clair	calme		4		
-S-E	1	ciel clair	calme		5		
-S-E	1 à 2	couvert	calme		5		
-S-E	1	couvert	calme		4		
E	3	ciel clair	clapotis		5		Relevage de la grande nasse aux îles Fefelova.
E	3	couvert	clapotis		4		Dragages à Fefelova.

N° des stations	INDICATION DU LIEU		ANNÉE 1908		HEURE	BAROMÈTRE	THERMOMÈTRE			HYGROMÈTRE
	LATITUDE N	LONGITUDE E	DATE	MOIS			ATMOSPHÈRE	SURFACE	FONDS	
132	Belusha bay. Mouillage des Samoyèdes.		13	Août	11 h. matin	776,5	+ 18°	+ 8°	»	76
133	—	—	14	—	11 h. 30 matin	774,2	+ 14°	+ 8° 8	»	76
134	—	—	15	—	11 h. 30 matin	769	+ 13° 5	+ 7° 6	»	72
135	—	—	16	—	11 h. 30 matin	772	+ 14°	+ 7° 4	»	71
136	—	—	17	—	11 h. 30 matin	752,5	+ 14° 5	+ 7° 3	»	61
137		—	18	—	11 h. 30 matin	754,5	+ 14° 2	+ 8° 8	»	67
138	—	—	19	—	11 h. 30 matin	762	+ 14° 2	+ 8° 5	»	85
	Océan Glacial. Mer de Barentz.									
139	71° 23'	48° 57'	20	—	9 h. matin	»	+ 12°	+ 9°	»	77
140	71° 33'	46° 10'	21	—	midi	752	+ 10°	+ 7°	»	85
141	71° 42'	42° 18'	22	—	midi	754	+ 8°	+ 6° 5	»	87
142	71° 20'	39° 12'	23	—	midi	742	+ 7 5	+ 6°	»	Une lame l'hygromè enregistr
143	68° 08'	39°	26	—	7 h. soir	750	+ 8 5	+ 7° 2	»	»
144	Mer Blanche au nord du phare de Sosnovetz.		27	—	4 h. soir	752,5	+ 10°	+ 8°	»	»
145	Au sud du phare de Sosnovetz.		28	—	4 h. soir	750	+ 14°	+ 12°	»	»
146	Mer Blanche. En face de Ravitza.		29	—	11 h. matin	745	+ 14° 5	+ 12° 2	»	»

VENT		ÉTAT DU CIEL	ÉTAT DE LA MER	TRANSPARENCE	COLORATION	SONDAGE	NATURE DES OPÉRATIONS ANIMAUX CAPTURÉS INDICATIONS SPÉCIALES
DIRECTION	FORCE						
E	3	ciel clair	clapotis	»	5	»	»
S-O	3 à 4	couvert	clapotis	»	5	»	Dragages.
N-O	3 à 4	couvert	clapotis	»	5	»	Cueillettes sur les rochers et les plages.
S	3	couvert	houle	»	4		»
S-S-O	2	brume	houle	»	4	»	Dragages dans le Kostin, près de Meducharski.
O-S-O	2	couvert	houle	»	5	»	»
S-O	2	couvert	houle	»	5	»	»
E	1	couvert	houle de N-O	10	5	»	Dragages. E. Plankton.
N-N-O	3 à 4	pluie	mauvaise	9	4	»	Plankton. Baleinoptères et phoques en vue très nombreux.
N-O	6 à 7	pluie	démontée	8	3	»	Plankton.
N-O	9 à 10	pluie	démontée	»	»	»	Plankton.
N-N-O	5	couvert	grosse houle	»	»	69 m.	Plankton. Dragages.
N-N-O	6	couvert	grosse houle	»	»	22 m.	
S-O	3	couvert	clapotis	»	»	67 m.	Dragages.
N-E	3 à 4	couvert	houleuse	»	»	30 m.	Dragages.

RAID du Commandant Charles BÉNARD

à la Chaîne Fallières

(Intérieur de la Nouvelle-Zemble, en Terre de Lütke)

STATIONS DIVERSES

N° des STATIONS	INDICATION DU LIEU	JUILLET 1908 DATE	JUILLET 1908 HEURE	THERMOMÈTRE	BAROMÈTRE	ÉTAT DU CIEL	VENT DIRECTION	VENT FORCE	OBSERVATIONS RÉCOLTES DIVERSES	ANIMAUX RECONNUS OU TUÉS	ALTITUDE DU LIEU
1	Campement A, dit du Chien, à 4 kilomètres dans l'ouest du Fjord Dolgaia	28	5 h. soir	+ 10	761	brume légère	N	2	Mousses.	Canards, oies sauvages, cygnes, eiders.	10m
2		28	8 h. soir	8	761	brume	N	1	»	Eiders et canards abondants.	10m
3		28	minuit	+ 1.5	763	brume épaisse	N-N-E	2	»	Entendu des chouettes blanches et des renards.	10m
4	Fait un levé rapide d'un lit de grande rivière, de plusieurs lacs et de sommets de petits dômes dans le sud du campement A	29	de 4 h. à 10 h. du matin		»	temps clair	calme	»	Ramassé des plantes, des mousses, des roches, un nid de cygne. Pris un petit saumon.	Vu un glouton et nombreux oiseaux aquatiques.	Sommet le plus élevé 14m50
5	Campement A.	29	10 h. mat	13°	763	couvert	S	1 à 2	»	Vol de cygnes et de canards.	10m
6	Campement A.	29	1 h. soir	18	762	ensoleillé	N	1	Station trigonométrique.	Un lumme.	10m
7	Lac à 250 mèt. N.E. du campement A	29	5 h 30 soir	+ 12	762	clair	N	1	Plankton du lac dans une eau avant 12 à la surface et 2 à 1 m. 50 de profondeur. Echantillon de vase.	Canards nombreux, eiders somaterias.	6m
8	Campement A	29	6 h. soir	9.5	762	clair	S S E	2			6m
9	Campement A	29	9 h. soir	7	762	clair	S S E	2	De 9 h. à 10 h. reconnaissance et levé du fjord Dolgaia jusqu'à 6 km. au nord de la partie navigable.	Oies, harles, plongeons très nombreux.	Falaises du fjord de 8 à 15m avec dolmens de glace.
10	Campement A.	30	minuit	0	762	brume épaisse	S S-E	2	»	»	10m

N° des stations	Indication du lieu	Juillet 1908 Date	Heure	Thermomètre	Baromètre	État du ciel	Vent Direction	Vent Force	Observations récoltes diverses	Animaux reconnus ou tués	Altitude du lieu
11	Campement A.	30	4 h. matin	2°	762	brume épaisse	S-S-E	2	»	»	10m
12	Campement A.	30	8 h. matin	+ 6	761	nuageux	S-S-E	1	Insectes, bourdons, mouches nombreuses.	»	10m
13	Campement A.	30	midi	+ 12	761	nuageux	calme	»	Insectes, mouches, moustiques, papillons.	»	10m
14	Campement A.	30	8 h. soir	12°	761	brumeux	S-S-E	2	De 4 h. à 8 h. ramassé de nombreuses plantes et des roches.	»	10m
15	Campement A.	30	10 h. soir	5 5	761	brume	S-E	2	Récolté des œufs de cygne et des lichens.	Tué un chien errant samoyède dangereux.	10m
16	Campement A.	31	minuit	6	761	couvert	S-E	2	Récolté qq. fossiles.	»	10m
17	Campement A.	31	4 h. matin	3°	761	clair	S-S-E	2 à 3	Complété de 4 h. à midi la triangulation entre le camp A et le fjord Dolgaïa.	Canards nombreux, échassiers. Ramassé le contenu des terriers de lemmings.	10m
18	Campement A.	31	midi	12	761	clair	S-E	3	Récolté la loge terminale d'un orthoceras géant.	»	10m

Stations de cheminement et de levé

ENTRE LE CAMPEMENT A ET LE PIC PRINCIPAL DE LA CHAINE FALLIÈRES

N° des stations	Indication du lieu	Juillet 1908 Date	Heure	Thermomètre	Baromètre	État du ciel	Vent Direction	Vent Force	Observations récoltes diverses	Animaux reconnus ou tués	Altitude du lieu
19	Station *a*, entre deux lacs.	31	1 h. soir	+ 13	»	clair	S-E	2	Relèvements.	Les animaux sont très rares dans cette région.	9m
20	Station *b*.	31	1 h. 35 soir	12	»	clair	S-E	2	Relèvements.		8m 70
21	Station *c*, au bord de tourbières.	31	2 h. soir	12	»	clair	S-E	3	Relèvements. Échantillons minéralogiques		6m
22	Station *d*.	31	2 h. 10 soir	14°	»	clair	S-E	2	Relèvements.		»
23	Station *e*.	31	3 h. 05 soir	10	»	clair	S-E	2	Relèvements.		»
24	Station *f*.	31	3 h. 50 soir	10	»	clair	S-E	1	Relèvements.		»
25	Station *g*, sur une ancienne moraine de glacier.	31	4 h. soir	+ 8	»	clair	S-E	1	Relèvements.		11m

N° des STATIONS	INDICATION DU LIEU	JUILLET 1908 DATE	HEURE	THERMOMÈTRE	BAROMÈTRE	ÉTAT DU CIEL	VENT DIRECTION	VENT FORCE	OBSERVATIONS RÉCOLTES DIVERSES	ANIMAUX RECONNUS OU TUÉS	ALTITUDE DU LIEU
26	Station *h*, au bord de la rivière Black Saddle, aux pieds de la chaine Fallières.	31	4 h. 30 soir	4	»	clair	calme	»	Relèvements.	Néant.	2m
27	Station *k*, dans la cheminée creusée par les eaux de neige dans la 1re moraine accrochée aux flancs de la chaine Fallières.	31	5 h. 10 soir	2	»	clair	calme	»	Relèvements.	Néant.	65m
28	Station *l*. Moraine gigantesque de schistes brisés.	31	5 h. 30 soir	2	»	clair	calme	»	Échantillons botaniques et minéralogiques	Néant.	120m
29	Station *m*. Vallée des glaciers.	31	6 h. 45 soir	4	»	clair	E	1 à 2	Échantillons botaniques et minéralogiques	Néant.	90m environ
30	Sommet le plus élevé de la chaine Fallières au-dessus d'un petit glacier.	31	7 h. 20 soir	4		clair	E	2	Quelques graminées, quelques plantes, une plume de grande chouette polaire. Construit un cairn en grands plateaux de schiste et laissé un procès-verbal dans une bouteille. Station trigonométrique.	Néant.	165m
31	Campement A.	31	10 h. soir	4	761	clair	E	3	Levé à vol d'oiseau de la Terre des Cygnes.	»	10m
			minuit	0	761	clair mais brume épaisse dans le sud	E	1 à 2	Échantillons divers autour du camp.	Canards, oies, échassiers.	
		AOUT 1908									
32	Campement A	1	4 h. matin	7	761,5	clair	E	2 à 3	»	»	10m
33	Campement A	1	8 h. matin	8	762	clair	E	3	Reconnaissance des sources de la rivière Dolgana par le photographe et un matelot qui rapportent 19 oies sauvages.	»	»
34	Campement A	1er	midi	12	762	clair	E	3 à 4		»	»
35	Campement A.	1	4 h. soir	12	762,5	clair	E-S-E.	4		»	»
36	Campement A.	»	8 h. soir	12 5	763	clair	E-S-E	4 à 5		Tué un phoque noir.	»

RAID du Commandant Charles BENARD

en Baie de Rogatcheff

et dans le Massif Central de la Terre de Lütke, en Nouvelle-Zemble

EN PARTIE EN VEDETTE A VAPEUR ET EN PARTIE A PIED

STATIONS PRINCIPALES

N° des STATIONS	INDICATION DU LIEU	AOUT 1908		THERMOMÈTRE	BAROMÈTRE	ÉTAT DU CIEL	VENT		OBSERVATIONS RÉCOLTES DIVERSES	ANIMAUX RECONNUS OU VUS	ALTITUDE DU LIEU
		DATE	HEURE				DIRECTION	FORCE			
37	Campement B. sur la rive orientale et à l'extrémité de la partie navigable du fjord du Prince Albert de Monaco.	4	6 h. matin	+ 7°	762	clair	E-N-E	2	»	Phoques, canards nombreux.	6m
38	Campement B.	4	8 h. matin	+ 8°	762	clair	E	1	»	»	6m
39	Campement B.	4	midi	+ 22°	»	clair	E	1	De midi à 9 h. ascension du pic Neli loff et de 3 autres pics.	Plusieurs rennes.	»
40	Campement B.	4	4 h. soir	+ 20°	»	clair	calme	»	Échantillons botaniques et minéralogiques	»	6m
41	Campement B.	4	8 h. soir	+ 8°	»	clair	E	2	Ramassé dans des bouffettes de superbes fossiles.	»	6m
42	Campement B.	5	minuit	+ 8°	762	clair	E	2	»	Canards très nombreux, goélands bourgmestres.	6m
43	Campement B.	5	4 h. matin	+ 7°	761	clair	E	3	Poussières de schistes apportées par le vent.	»	6m
44	Campement B.	5	8 h. matin	+ 15°	761	couvert	E	2 à 3	Échantillons minéralogiques		6m
45	Gorges du Dante.	5	de 7 h. du matin à 3 h. du soir	»	»	couvert	E	2	Reconnu et relevé une grande cassure du terrain appelée gorges du Dante, jusqu'à un grand lac. Relevé les glaciers et le gigantesque cône de déjection. Ramassé des minéraux, des fossiles et des plantes.	Goélands bourgmestres, oiseaux de proie, insectes, petits salmonides.	du niveau de la mer à 50m niveau du lac

N° des stations	INDICATION DU LIEU	AOUT 1908 DATE	AOUT 1908 HEURE	THERMOMÈTRE	BAROMÈTRE	ÉTAT DU CIEL	VENT DIRECTION	VENT FORCE	OBSERVATIONS RÉCOLTES DIVERSES	ANIMAUX RECONNUS OU TUÉS	ALTITUDE DU LIEU
46	Fjord du Prince Albert de Monaco.	5	de 5 h. du soir à minuit	+ 22° à 5°	761	brumeux	E	2 à 3	Stations trigonométriques sur les îles et les rives. Tué un grand oiseau de proie. Lignes de sondages. Dragages. Echantillons divers.	Oiseaux de proie, canards, oies sauvages, phoques.	0
47	Campement B.	6	minuit	5°	761	pluie et neige	E	1 à 5	Dragages. Plankton.	»	6m
48	Campement B.	6	1 h. matin	+ 4°	761	neige	E	9	»	»	6m
49	Fjord du Prince Albert de Monaco.	6	de 8 h. du matin à minuit	+ 18 à 3°	761	pluie ou temps couvert	E	4	Raid dans l'intérieur à 30 kilomètres avec le capitaine Desmazières et le mécanicien Léglise sur le sommet principal de la grande arête de la Nouvelle-Zemble. Echantillons botaniques et minéralogiques, fossiles, insectes. Stations trigonométriques sur les sommets des montagnes et des glaciers. Aux mêmes heures, un autre raid est effectué par le second-maître Saladin et deux auxiliaires sur la rive ouest du fjord du Prince Albert. Ils rapportent un renard bleu et des minéraux.	Renards et rennes.	de 0m à 750m
50	Campement B.	7	minuit	4°	761	pluie	E	1	»	»	6m
51	Campement B.	7	1 h. matin	4°	761	nuageux	E	1 à 5	»	»	6m
52	Campement B.	7	8 h. matin	+ 10°	761	grain	E	3	Plantes, fleurs, champignons insectes.	Canards et goélands bourgmestres	»
53	Baies et fjords situés à l'Est du fjord du Prince Albert de Monaco	7	de 11 h. 15 du matin à 10 h. du soir	+ 18° à 2°	761	couvert	E à risées	1 à 3	Fait les levés de l'île Richard, des caps et presqu'îles encadrant une grande vallée. Parcouru cette	Canards, eiders.	Hauteurs des sommets variables mais non calculées

N° des stations	Indication du lieu	Août 1908 Date	Heure	Thermomètre	Baromètre	État du ciel	Vent Direction	Vent Force	Observations récoltes diverses	Animaux reconnus ou tués	Altitude du lieu
									vallée en suivant les lacs et les torrents à cascades. Stations trigonométriques. Echantillons minéralogiques. Gisements ardoisiers. Echantillons botaniques dont de nombreux arbres plats. Dragages dans les fjords. Lignes de sondage E. Plankton.		
54	Campement B.	8	minuit	- 3°	762	couvert	E	3	»	»	6m
55	Campement B.	8	4 h. matin	- 4°	762	couvert	E	4	»	»	6m
56	Campement B.	8	8 h. matin	+ 10°	762	couvert	E	2	»	»	6m
57	Côtes du sud-est de la baie de Rogatcheff.	8	de 8 h. 15 du matin à 4 h. du soir	»	762	couvert	E	2 à 3	Hydrographie. Ligne de sondage. Dragages.	Canards, eiders, somaterias, phoques, goelands.	0
58	Campement C au fond d'une baie dans le sud-est de la baie de Rogatcheff et sur le bord d'une lagune fermée par une moraine non loin du pic Rogatcheff.	8	4 h. soir	+ 10°	762	couvert	E	1	De 6 h. à 9 h. exploré la côte jusqu'au Kostin Charr. Ramasse des plantes, des mousses, des lichens, des insectes et de nombreux champignons. Nombreuses stations d'angles et de relèvements.	Renards bleus, chouettes polaires.	3m50
59	Campement C.	8	8 h. soir	+ 3°	762	couvert	E	3	Echantillons minéralogiques	»	3m50
60	Campement C.	9	minuit	+ 1°	762	pluvieux	E	4	»	»	3m50
61	Campement C.	9	4 h. matin	0°	762,5	couvert	E	4	»	»	3m50
62	Campement C.	9	8 h. matin	+ 8°	763	clair	E	2	»	»	3m50
63	Fait le levé de la lagune, du ruisseau et du glacier précédant la chaîne et le pic de Rogatcheff. Stations trigonométriques. Levé à vol d'oiseau du Kostin-Charr et des îles qui	9	de 8 h. 30 du matin à 4 h. du soir	»	763	clair	E	3	Nombreux angles et relèvements. Ramasse des plantes, des insectes, de nombreux fossiles et des cristallisations.	Chouettes, renards, bruants, lemmings, insectes, papillons, frelons.	»

N° des stations	INDICATION DU LIEU	AOUT 1908		THERMOMÈTRE	BAROMÈTRE	ETAT DU CIEL	VENT		OBSERVATIONS RÉCOLTES DIVERSES	ANIMAUX RECONNUS OU VUES	ALTITUDE DU LIEU
		DATE	HEURE				DIRECTION	FORCE			
	ferment la baie de Rogatcheff.										
64	Campement C.	9	4 h. soir	+ 8°	763	clair	E	3	Dragages dans les alguières de la baie.	»	»
65	Campement C.	9	8 h. soir	+ 5°	764	nuageux	E-N-E	3	»	»	3m50
58	Campement C.	10	minuit	+ 2°	764.5	brume	N-E	3	»	»	3m50
59	Campement C.	10	4 h. matin	1°	765	clair	N-E	2	»	»	3m50
60	Parcouru les détroits des îles qui séparent la baie Rogatcheff du Kostin-Charr. Presque tous sont fermés par des moraines. Suivi le Kostin Charr jusqu'à mi-chemin de la Nechwatowa.	10	de 8 h. du matin à 4 h. du soir	+ 6°	765	nuageux	N-E	3	Lignes de sondages, angles et relèvements, dragages.	Canards, eiders, oies, alcas, lummes, phoques, belugas.	»

RAID du Médecin-Major CANDIOTTI

en Matotschin-Charr, sur les bords de la Mer de Kara et dans la Terre de Barentz, en Nouvelle-Zemble

AVEC LE CONCOURS DU GÉOLOGUE ROUSSANOFF ET DE L'ASPIRANT DE MARINE NEPVEU

STATIONS PRINCIPALES

N°s des STATIONS	INDICATION DU LIEU	AOUT 1908 DATE	HEURE	THERMOMÈTRE	ÉTAT DE LA MER	ÉTAT DU CIEL	VENT DIRECTION	VENT FORCE	OBSERVATIONS RÉCOLTES DIVERSES	ANIMAUX RENCONTRÉS OU TUÉS	ALTITUDE DU LIEU
Station de la maison Borrissoff	Maison Borrissoff à l'entrée du Matotschin Charr.	Du 29 Juillet au 26 Septembre 08.		»	»	»	»	»	Vue de côte (L). Enregistrement de la température et de la pression barométrique. 5 observations de latitude et de longitude. Mesures électriques avant le 8 août portant sur 12 h. de durée reparties sur quatre jours. Mesures électriques du 15 au 20 septembre pendant les aurores.	Faune et flore analogue à celle du Kostin-Charr.	Quelques mètres au-dessus du niveau de la mer.
1	Camp de la Croix sur la côte nord du Matotschin Charr à 8 milles de la maison Borrissoff.	9 au 10	8 h. mat. 2 h. soir	» »	» »	» »	N-E et calme	3 à 4 »	» »	» »	0
2	Embouchure de la rivière des Oies. Rive sud du Matotschin Charr.	10	7 h. soir	»	»	clair	N	1 à 2	»	Rennes.	0
2 *bis*	Cap Morzhof.	11	»	»	courants alternés atteignant 3 nœuds	clair	S-O	1	Lieu d'origine du « Stok », vent périodique diurne de N-E dans le détroit du Matotschin. Observation de latitude et de longitude.	»	0
3	Plage de galets sur la rive nord du Matotschin Charr aux pieds du pic Wiltzeck.	12 13	minuit 1 h. mat.	» -3°	clapotis »	couvert clair	S-E calme	3 à 4 »	Ascension du Wiltzeck. Station topographique (Carte M). (Carte M) Schémas d'orogra	» »	0 1050m 900m

N° des stations	INDICATION DU LIEU	JUILLET 1908 DATE	HEURE	TEMPÉRATURE	ÉTAT DE LA MER	ÉTAT DU CIEL	VENT DIRECTION	VENT FORCE	OBSERVATIONS RÉCOLTES DIVERSES	ANIMAUX RECONNUS OU TUÉS	ALTITUDE DU LIEU
									phie générale. Directions des vallées N-O S-E.	»	
4	Embouchure d'une rivière à l'Est de Wiltzeck, sur la rive nord de Matoïschir Charr.	13	10 h. 30 s.	3		brume	S-E	3 à 4		»	»
		14	1 h. matin	1.5			»		»	»	»
5	Baie Tuyleni.	16	1 h. matin	— 1°	clapotis	couvert pluie	N	4 à 5	Calcul de marche du compteur. Observation d'heure et de latitude. Bois flottés des côtes sibériennes.	phoque barbu	»
		18	9 h matin		»			»	Calcul de marche du compteur.	»	»
6	Baie Kankrina mer de Kara.	18	10 h. soir	»	»		O	2	Observation de latitude et de longitude.	»	»
		19	midi		»	clair avec nimbus et alto cumulus	S	2	»	»	»
			2 h.			brume	calme	»	»	»	»
7	Mouillage au nord de la rivière Nabokova	20	»	»		brume épaisse	N-E	»	Station topographique.	»	»
		22	7 h. matin	3	»	nuageux	N-N-O	3	Levé de la rivière Nabokova et de son embouchure (Carte O). Base de 500 mètres		»
8	Plage au pied d'un plateau schisteux rive sud et à l'entrée du Golfe Inconnu.	23	11 h. soir	»		»	N-N-O	3 à 4	»	»	»
8 bis	Rive sud du Golfe Inconnu. Lagune un peu au nord du point précédent. Station de la tempête.	24	9 h. soir	»	mauvaise	neige	N-O	9 à 10	»	»	»
		25	7 h. matin				»	»	Station au théodolite, observation de latitude et longitude. Base de 200 m. (Carte P).	»	»

Nos des stations	Indication du lieu	Août 1908 Date	Heure	Thermomètre	État de la mer	État du ciel	Vent Direction	Vent Force	Observations récoltes diverses	Animaux reconnus ou tués	Altitude du lieu
9	Dernier cap est de la rive sud du Golfe Inconnu. L. = 73° 52′ 07″ N	27	midi		»	clair	calme	»	Observation de latitude par dix circumméridiennes et de longitude. Bois flottés.	»	»
10	Langue de terre au bord de la baie des Saumons au fond du Golfe Inconnu.	27	4 h. soir	»	»	brume	N-O	3 à 5		»	
		28	»	»	»	»	N-O	4	Observation de latitude et de longitude. Station au théodolite. Levé par la méthode des dépressions (tableau B)	»	
		30	8 h. matin	»	calme	clair	N-O	1	Calcul de marche du compteur. Ascension du glacier et traversée de la terre de Barentz.	»	
11	Moraine du glacier du côté de la Chrestovaïa.	»	»	»	»	»	»	»	Levé d'itinéraire à la boussole pour toute la traversée de la terre de Barentz.	»	»
12	Bord de la baie de la Chrestovaïa sur le côté est de la mer de Barentz.	»	»	»	»	»	N-O	3 à 4	Carte S.	»	»

Météorologie.

Avant d'appareiller d'Hammerfest pour l'Océan Glacial, j'avais fait établir sur mes indications, par l'aspirant Nepveu, des tableaux récapitulatifs des vents observés au petit port de Vardö situé dans l'île la plus occidentale de la Laponie en éperon dans la mer de Barentz.

Ces tableaux que j'ai refaits avec un procédé graphique différent et dont quelques-uns sont annexés à ce fascicule, sont très caractéristiques.

Pendant le mois de janvier les vents soufflent dans la partie Sud-Ouest de la mer de Barentz, un peu dans toutes les directions, toutefois les vents du secteur Sud d'une part et ceux du secteur Nord-Ouest ensuite y dominent. D'après les dires des pilotes norvégiens, ces vents de Nord-Ouest déchaînent sur les côtes lapones et mourmanes des tempêtes très dangereuses avec des mers effroyables.

Au mois de mars les vents de Sud dominent encore, mais les vents de Sud-Ouest venus du bassin de l'Atlantique ont remplacé les vents de Nord-Ouest. A partir d'avril il n'y a guère que des vents d'Ouest et de Nord; ces derniers ramènent quelquefois des glaces en masses considérables sur les côtes septentrionales de la Russie.

Le régime de l'été et de l'automne est moins caractérisé, toutefois les fortes tempêtes s'y accusent déjà au Nord-Ouest; en septembre, le secteur si mauvais du Nord-Ouest est presque permanent et ce n'est que d'octobre à décembre que les vents du Sud-Ouest prédominent à nouveau. Sauf en décembre, nous ne relevons pas de quantités appréciables de vents du secteur Est. En résumé la partie occidentale de la mer de Barentz au niveau de la Laponie est soumise au régime de l'Atlantique Nord, légèrement modifié par les contingences de la région glaciaire.

Mais ce régime ne s'étend pas à toute la mer de Barentz et la partie qui avoisine la Nouvelle-Zemble est totalement différente ; elle paraît plutôt soumise aux influences de la mer glaciaire de Kara. En effet, lorsque les vents de Nord-Ouest ne soufflent pas en tempête dans la partie occidentale de la mer de Barentz, ce sont des vents de Nord-Est qui soufflent sur la Nouvelle-Zemble et des vents du secteur Nord qui intéressent les eaux orientales de la mer de Barentz.

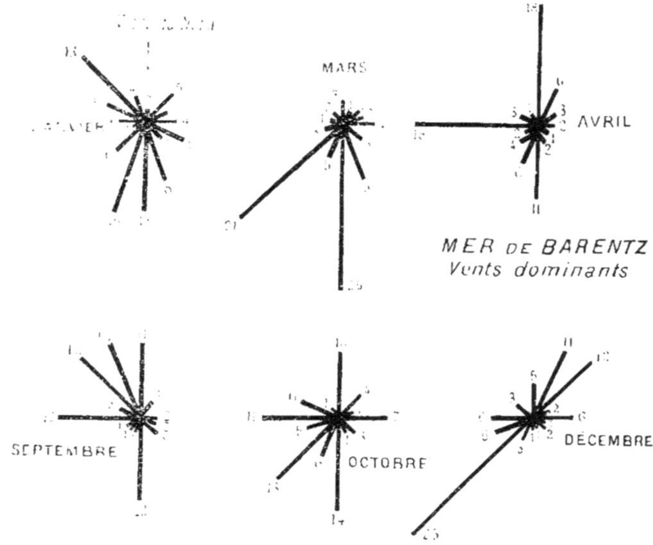

Quand les vents de Nord-Ouest soufflent en tempête dans la mer de Barentz avec une baisse barométrique accentuée, comme nous l'avons constaté du 20 au 23 août 1908, ces vents couvrent la mer de Barentz toute entière, la Nouvelle-Zemble et même la mer de Kara. En effet, la même tempête du 23 août me tenait en cape sèche à la hauteur de la Terre des Oies (Gasland), au nord du cap Kanin et obligeait le Dr Candiotti à rester sous sa tente abattue par l'ouragan aux bords du golfe Inconnu.

Par contre, les grands vents d'Est que nous n'avons cessé de subir pendant la première moitié d'août sur les bords du fjord du Prince de

Monaco et dans l'intérieur de la Terre de Lütke s'arrêtaient à moins de cent milles dans l'ouest de la Nouvelle-Zemble.

On peut déduire de ces observations que rien n'est plus facile que de se rendre à la voile de la Laponie en Nouvelle-Zemble : toutefois il y a intérêt à gagner le nord le plus possible pour éviter de voir les vents refuser en arrivant près de la grande île. Par contre, le retour de la Nouvelle-Zemble, en Laponie, surtout en partant des détroits du sud comporte une navigation toujours longue et pénible. En automne le mieux serait de remonter à la faveur des vents d'Est, le long de la côte occidentale le plus nord possible et de revenir ensuite avec les vents de Nord-Ouest en travers.

La persistance des vents contraires retardant le retour des chasseurs de morses et de phoques explique la quantité de coques naufragées que j'ai vues en Belusha, à la pointe Rogatcheff et sur la côte de Meducharskï; si pendant leurs longues bordées ces petits navires subissent des tempêtes de Nord-Ouest comme celle que j'ai essuyée en fin août, ils sont obligés de se mettre en cape sèche et ils dérivent avec une rapidité effrayante vers la côte Zemblaise. Dans la tempête précitée, le *Jacques-Cartier* dériva de 60 milles en 24 heures. Or les cartes de la Nouvelle-Zemble sont presque inexistantes et les horizons bouchés de ces régions pendant le mauvais temps empêchent de reconnaître les détroits, ce qui est bien dangereux.

Quand les vents d'Est soufflent de la mer de Kara sur la Nouvelle-Zemble, ce qui est fréquent, surtout en hiver, ils produisent des effets très différents, suivant les régions. Dans le Kostin-Charr, sur les gorges de Dante et sur les vallées Est-Ouest du centre de la terre de Lütke, leur direction ne varie pas sensiblement : ils soufflent parallèlement à l'axe du détroit dans le Kostin-Charr et perpendiculairement à tous les fjords qui donnent du Nord au Sud dans le dit détroit; en descendant des chaînes de montagnes de l'intérieur, ils se précipitent avec des vitesses d'ouragans, enlevant sur les sommets des pierres, des graviers et de menus débris de schistes rouges, gris et jaunâtres dont ils saupoudrent, couche par couche, les glaciers et les névés, leur donnant des aspects sales mais bien caractérisés. Dans leur marche ces vents collent la neige sur les parois d'une façon très irrégulière comme épaisseur : mais ils bordent tous les fjords d'une couche de glace inaccessible avant le milieu d'août, couche de glace que Nordenskiold avait signalée sur la rive de la Terre des Oies et que nous avons retrouvée, non seulement dans tous les fjords, mais jusque dans les grands lacs de l'intérieur.

Dans le Matotschin-Charr, le Dr Candiotti et l'aspirant Nepveu ont constaté que les grands vents s'orientaient dans la direction de ce vaste couloir ; ils y ont constaté en dehors des grandes brises, un vent spécial déjà connu, le *stok*, qui par beau temps se levait le matin vers 9 heures et l'après-midi vers cinq heures, toujours dans la direction du Nord-Est : cette brise atteint dans les endroits resserrés du détroit, une violence extraordinaire et présente, d'après M. Nepveu, les caractéristiques du mistral en Provence.

Dans la baie Tyuleni, le Dr Candiotti a retrouvé les vents Nord et Sud signalés dans les carnets du malheureux Rosmyssloff.

M. Nepveu a constaté que les brises du détroit sont des *courants d'air de fond de cul-de-sac* favorisés par les différences de température des deux mers de Barentz et de Kara ; à 80 mètres d'altitude la brise tombait. Il faut attribuer ce phénomène à la forme de couloir du Matotschin-Charr, car j'ai observé, en effet, un phénomène différent sur le haut de la chaine Fallières ; toute la vallée de France-et-Russie et le détroit de Kostin-Charr étant calmes, le sommet de la chaine Fallières était balayé par un grand courant d'air allant de la mer de Kara à la mer de Barentz.

Par contre, un matin, avec Desmazières, auprès du cap Lille, tandis que je draguais sur une mer clapotée par une brise fraiche du Sud-Est, à 150 mètres au-dessus de nous les oiseaux de mer planaient dans le calme ; dès que la brise tomba, les oiseaux plongèrent au niveau de la mer et se mirent à pêcher.

L'aspect du ciel est assez monotone en Nouvelle-Zemble ; dès que le calme apparait, l'humidité produit un brouillard intense.

Avec les vents de Nord-Est, le ciel est blafard et gris blanchâtre.

Au contraire, avec les vents de Nord-Ouest, le ciel d'abord jaune paille au zénith et vert véronèse à l'horizon se charge de nimbes couleur d'encre ou de sanguine ; les nuages ressemblent à des éclats d'obus. Puis ils chargent le ciel totalement et font place aux grains de neige glacés.

Dans la période estivale, du 20 juillet au 15 août, on voit, la nuit surtout, des cumulus, des altocumulus et quelques cirrus assez élevés.

Le brouillard persiste avec certains vents ; quand j'eus atterri le 7 juillet sur l'île Meducharski, je fus très gêné pour rentrer dans le Kostin-Charr par des nuages de brouillard venant du Nord et qui passaient très vite en donnant une chute abondante de neige; pendant que je campais dans le centre de la vallée de France-et-Russie, deux fois le soir, je vis monter de la Belusha Bay des vents du Sud-Est et des brouillards d'une épaisseur et d'une hauteur considérables. Ces brouillards nous empêchaient de voir le soleil de nuit si curieux en Nouvelle-Zemble, par les colorations étranges qu'il provoque.

Les vents du Sud sont peu fréquents; les explorateurs de la Nouvelle-Zemble ne les signale que fort rarement; en juillet et août, non seulement ils relèvent la température, mais ils peuvent produire des orages; le 22 juillet, un orage traversa la Belusha Bay en donnant deux éclairs puissants et bruyants sous des nuages cuivrés; le phénomène doit être rare, car il surprit considérablement les Samoyèdes tout comme celui qui avait été observé le 5 août 1882 par le lieutenant de vaisseau russe Andrejeff près de Karmakuly. L'orage observé par les Russes avait eu lieu avec une température exceptionnelle de + 25°; celui que nous observâmes se produisit par une température de + 22°.

*
* *

Les *courants de la mer* de Barentz et de la Nouvelle-Zemble sont assez mal connus.

Dans la mer occidentale de Barentz, la prédominance des vents de Nord-Ouest et de Sud-Ouest pousse les eaux chaudes de l'Atlantique Nord jusqu'à une distance assez proche de la Nouvelle-Zemble, en désagrégeant d'assez bonne heure au printemps les glaces de la banquise hivernale.

Des lignes de lancements de flotteurs dans cette mer donneraient de précieuses indications. Mais pour réussir, il faudrait de nombreux flotteurs, construits en cuivre comme ceux du prince Albert de Monaco; le déficit de la caisse de mon comité ne me permit pas de les faire construire.

Plusieurs explorateurs ont donné des indications qui permettent de conclure que la combinaison des courants venus de l'Atlantique nord, des courants des eaux de sortie de la mer Blanche et des courants glacés des eaux de sortie des détroits de Kara et de Yugor-Charr provoque le long de la côte occidentale de la Nouvelle-Zemble un courant du Sud vers le Nord. De nombreuses dérives de navires parmi lesquelles celles du bateau du duc d'Orléans en 1907 justifient cette hypothèse. Je puis y ajouter deux faits d'observation personnelle.

Du 7 au 15 juillet, les derniers plateaux de glace qui sortirent de la Belusha Bay gagnèrent le détroit de Kostin-Charr, entrainés par les eaux de fonte des neiges de la vallée de France-et-Russie qui dégorgeaient en masse du fjord Dolgaïa et d'un autre fjord. Toute cette flottille de ces petits ice-fields se dirigea vers la mer de Barentz entre l'île Pachtusoff et la Terre des Oies et remonta ensuite lentement vers le Nord par des vents variés, peu frais d'ailleurs, mais dont ils ne subirent aucunement l'influence.

Un des jours que je passai à parcourir les sommets de la chaîne intérieure de la Nouvelle-Zemble qui borde le fjord du Prince de Monaco, j'aperçus à la longue-vue un petit bateau phoquier qui sortait de la Belusha Bay où il avait passé quelques heures, où d'ailleurs j'appris plus tard qu'il s'était échoué. Ce bateau arrivé en dehors du Kostin-Charr fut pris par le calme et toute la journée il ne cessa de dériver du sud au nord d'une façon rapide.

On peut ajouter une autre indication : les bois flottés ne sont pas aussi abondants sur la côte Occidentale de la Nouvelle Zemble que sur les rives de la mer de Kara, mais cependant il y en a, surtout dans le Kostin-Charr : ces bois, ne pouvant venir que des apports des détroits de Kara et de Yugor-Charr ou de la mer Blanche, ne sont-ils pas une preuve de plus du courant venant du sud ?

Dans les fjords du Kostin-Charr les courants de marée se font sentir ; en été ils ne sont pas accentués durant le flot, à cause de l'apport considérable des eaux de neige ; mais au jusant, ils atteignent des vitesses de plusieurs nœuds et comme ils entraînent avec eux des ice-fields et des ice-blocs, ils rendent la navigation périlleuse ; la première fois que je pus remonter le fjord Dolgaïa jusqu'au grand rapide, ma vedette à vapeur eut beaucoup à souffrir. Dans le Matotschin-Charr, MM. Candiotti et Nepveu cherchèrent à utiliser le renversement des courants.

Les courants, écrit M. Nepveu dans son rapport, subissent les mêmes variations que dans une rivière suivant que l'on est au milieu ou sur les bords ; il s'accroît et devient tourbillonnaire sur les pointes, à l'intérieur des boucles et aux changements de courbure rapides, sur la concavité extérieure des courbes. En outre, ce courant se propage effectivement et semble couler d'un côté à l'autre du détroit. C'est ce qui explique ce fait qu'on peut par bonne brise traverser à la voile le détroit presque tout entier sans voir le courant changer.

La *pression barométrique* a subi pendant notre mission des baisses considérables, mais ces variations n'ont jamais été brusques et la caractéristique des courbes relevées par nous ou par nos prédécesseurs consiste dans la lenteur des oscillations de la pression atmosphérique.

Pendant ma première traversée de la mer de Barentz dans les premiers jours de juillet, j'étais parti avec le baromètre au-dessus de 770 et des brises maniables d'O.N.O à N.N.O ; dès le 2 juillet le baromètre se mit à baisser ; les vents gagnèrent le N.E et le N.N.E au fur et à mesure que nous approchions de la Nouvelle-Zemble et soufflèrent même en tempête. Cette baisse barométrique continua lentement pendant plusieurs jours ; quand le baromètre fut descendu au-dessous de 750 le vent se leva au S.S.O et s'y maintint longtemps.

En fin juillet pendant mon premier raid dans la vallée de France-et-Russie, le baromètre se cantonna entre 765 et 761 ; les vents de S.E puis d'Est s'établirent d'une façon presque permanente.

Durant mon deuxième raid dans l'intérieur, le baromètre se tint dans les mêmes chiffres et le vent très fort ne quitta pas un seul instant le secteur Est.

Le 17 août le baromètre commence à baisser et les brises se mettent à varier dans le Kostin-Charr ; à moins de cent milles dans la mer de Barentz, je trouve le calme ; quand la baisse barométrique atteint 750 la tempête de N.O commence, puis pendant douze heures le baromètre remonte à 755 avec un temps à grains déchiqueté et un ciel cuivré de cyclone ; la pression tombe ensuite en vingt-quatre heures à 738 et nous subissons en cape sèche, avec une mer effroyable une tempête au cours de laquelle le *Jacques-Cartier* fait preuve de qualités exceptionnelles. Mon maitre d'équipage Desmazières qui a commandé vingt années en Islande déclare n'avoir jamais vu de vagues aussi hautes que celles que nous fournissait ce vent glacé de N.O.

Le baromètre remonta rapidement dès le 24 août, mais la brise de N.O et une forte houle de même direction nous accompagnèrent jusqu'à l'entrée de la mer Blanche.

On peut affirmer que toutes les baisses barométriques dans la mer de Barentz présagent en général des tempêtes du secteur ouest ; les navigateurs doivent donc en présence de ces baisses, prendre leurs dispositions, car la dérive causée par la grosse mer ne pousse les navires que sur des parages dangereux, inhospitaliers et inconnus.

Les *variations de la température* dans la mer de Barentz sont extrêmement lentes ; au cours de mes deux traversées j'ai obtenu des courbes presque droites ; en particulier du 29 juin au 5 juillet avec du calme du N.N.O, du N.E du N.N.E, le thermomètre a oscillé seulement entre + 11° et + 4° ce qui est vraiment bien peu de chose dans l'Océan glacial. La quantité d'humidité dans la mer de Barentz est considérable et il suffit de consulter la courbe de l'hygromètre enregistreur correspondant à la même période et annexée à ce mémoire.

En Nouvelle-Zemble le thermomètre subit des variations diurnes très grandes que l'on pourra constater dans les deux graphiques que j'ai relevés dans la Vallée de France-et-Russie et dans le massif central. Dans les fjords, ces variations ainsi qu'en témoignent les courbes de l'enregistreur sont fortement atténuées par le voisinage de la mer.

L'hygromètre enregistreur accusa en Belusha bay des variations extraordinaires par leur intensité et leur rapidité. Or ces variations étaient encore plus intenses dans l'intérieur des terres ; combinées à celles de la température, elles produisaient de véritables chocs sur l'organisme et rendaient le séjour extrêmement pénible. Le docteur Candiotti a subi sous la tente dans son remarquable raid, les mêmes causes et les mêmes effets.

Avec une pareille humidité et des vents régnants de l'ouest ou de l'est qui traversent des mers également chargées d'humidité, la quantité de neige qui tombe de l'automne au printemps en Nouvelle-Zemble est considérable ; il neige encore en juillet et même quelquefois en août ; la violence des vents rend les épaisseurs de neige très inégales, même dans les grandes plaines et les toundras ; dans les montagnes de la terre de Lütke cette neige forme de petits glaciers ; dans la terre de Barentz les glaciers comme celui de la Chrestovaïa, relevés par le Docteur Candiotti, sont considérables.

* *

De tous les côtés on trouve d'anciennes moraines ; dans une petite vallée annexe montant perpendiculairement aux gorges de Dante vers vers les hautes montagnes de l'intérieur, j'ai trouvé sept moraines anciennes étagées les unes au-dessus des autres dans un parcours de quelques kilomètres.

Les glaciers comme les névés grands ou petits sont effroyablement salis par les poussières, les graviers et les cailloux de schistes gris, jaunes et rouges arrachés par la violence du vent au sommet des montagnes et des collines. Les roches brisées, émiettées par les agents atmosphériques, la neige souillée et l'absence presque totale de végétation dans les montagnes donnent à l'intérieur de la Nouvelle-Zemble un aspect désertique, désolé, mélancolique à l'excès.

Partout les fontes de neige produisent des érosions formidables; l'humidité du sous-sol qui en résulte engendre à son tour des phénomènes comme celui si curieux des *bouffettes* que j'ai cité dans mon récit de voyage et qui sera repris dans un des fascicules scientifiques.

Sur les bords des petits fjords encaissés les accumulations de neige produisent en hiver des tumulus énormes et des creux alternés; les poussières de schiste s'accumulant surtout dans les parties les plus basses, la fonte de ces couches les moins épaisses est plus rapide, elle est même complète de bonne heure, mais alors les parties les plus hautes non fondues laissent sur les rives de véritables plateaux, dolmens ou champignons de glace et de neige atteignant des dimensions énormes (5 à 20 mètres de large et 4 à 8 mètres de haut) dont l'aspect est tout à fait curieux.

Dans la Chrestovaïa, M. Roussanoff qui continue chaque année ses recherches en Nouvelle-Zemble a découvert un banc de glace fossile qui a fait l'objet d'une communication à l'Académie des sciences et dont il parlera plus longuement dans un des fascicules qu'il prépare.

Les eaux torrentueuses de la fonte des neiges emportent dans les fjords et les mouillages de la Nouvelle-Zemble une quantité considérable de graviers et surtout de vase schisteuse qui constituent peu à peu des fonds de mouillage excellents, trop excellents, pourrait-on dire presque, car les ancres s'y enfoncent chaque jour davantage; je ne saurais trop recommander aux explorateurs de ces régions de relever leurs ancres tous les deux ou trois jours.

Quand la débacle survient en raison des variations de largeur des fjords, il se produit des barrages formés par l'accumulation des plateaux de glace; ces barrages retardent pendant le mois de juillet l'exploration des fjords étroits et encaissés; la première fois que je m'engageai avec la vedette à vapeur dans le fjord Dolgaïa, je fus arrêté au bout de quelques milles par un barrage de ce genre.

Sur les côtes marines et sur les rives des fjords, la neige plaquée en couches d'une épaisseur qui atteint couramment en dimension horizontale plusieurs dizaines de mètres, forme des névés et de véritables glaciers de bordures qui rendent ces côtes et ces rives absolument inaccessibles, d'autant plus que leur voisinage est dangereuse pour les embarcations à cause du *vélage* permanent des *ice-blocks*.

Nordenskiold avait décrit ces cordons glaciaires qu'il avait découverts sur la côte occidentale de la Terre des Oies. Mais le phénomène est général dans tout le Kostin-Charr; à notre arrivé en Belusha Bay, ce cordon glaciaire encadrait presque toute la baie, sauf sur les plages plates qui étaient garnies de *torross* élevés. Dans le fjord Dolgaïa, dans la baie de Rogatcheff, dans le fjord du Prince de Monaco, dans l'île de Meducharski, j'ai retrouvé des cordons glaciaires identiques; j'en ai même trouvé de très beaux dans un grand lac de l'intérieur, à l'extrémité des gorges de Dante, à plus de 150 mètres d'altitude.

J'ai mesuré l'épaisseur de quelques glaces plates de la baie Rogateheva qui dérivaient vers la mer; presques toutes atteignaient 1 mètre ou même davantage. Mes chiffres corroborent donc l'observation du lieutenant de vaisseau russe qui avait trouvé dans la baie de Karmakuly une glace hivernale de 1181 millimètres.

Ces glaces plates très solides, en frottant sur certaines falaises désagrégées par les gelées se chargent sur les bordures de cailloux, de graviers et de petits blocs qui vont se semer sur les fonds de la mer de Barentz. Ce sont ces eratiques qui rendent les dragages si difficiles.

Hydrographie et Topographie.

Les travaux d'hydrographie et de topographie de notre expédition peuvent se diviser en deux parties, correspondant aux régions dans lesquelles ils ont été faits par moi dans le Kostin-Charr avec l'aide de mon second M. Espanet qui a fait quelques stations dans la Belusha Bay, le concours du capitaine Desmazières pour les sondages et l'aide du second maître Saladin pour l'inscription des angles et des observations.

Les autres travaux ont été menés à bien, au cours du raid commandé par le Docteur Candiotti, dans le Matotschin-Charr et la terre de Barentz par l'aspirant Nepveu.

J'ai d'abord complété certains détails de la carte russe de la Belusha bay et de ses abords, puis levé la carte du fjord Dolgaïa qui prolonge cette baie dans l'intérieur des terres vers le nord. Voici le détail de la triangulation rapide faite au sextant pour l'établissement de ladite carte.

Angles :

c a b.	71°	31'
c b a.	66	25'
a c b.	42°	10'
b c e.	105°	30'
c b e.	14	30
c e b.	30°	01'
c d e.	89	00'
d e c.	50°	01'
d c e.	11°	02'

Angles :

f d e	55°	00'
f e d	51°	02'
d f e	74°	03'
h f e	105°	45'
f e h	55°	15'
f h e	19°	12'
g f e	134°	02'
f g e	15°	31'
g e f	30°	30'
j g h	62°	03'
g j h	71°	00'
g h g.	47°	01'
l j h	111°	30'
j h l	45°	30'
j l h	23°	02'
h j l	30°	05'
j k l	78°	31'
k l j	71°	29'
m k l	70°	58'
m l k	85°	1'
k m l	24°	2'
k m n	75°	31'
k n m	85°	02'
n k m	19°	29'
o n m	89°	59'
n m o	68°	57'
n o m	21°	04'
m o p	90°	30'
o p m	64°	01'
o m p	25°	29'
q o p.	78°	50'
o q p.	20°	10'
o p q.	81°	02'
r q p.	90°	59'
q r p.	70°	10'
q p r.	19°	
s q r	89°	02'

Angles :

q r s.	67°	57'
q s r.	23°	1'
r s t	107°	59'
s r t	44°	30'
s t r	27°	31'
s t t_1.	100°	46'
s t t_2.	167°	28'

Pendant mon séjour dans la vallée de France-et-Russie, j'ai cheminé à la boussole jusqu'à la chaîne Fallières; sur les sommets principaux de cette chaîne, j'ai fait des tours d'horizon complets qui m'ont permis de dresser une carte intéressante d'ensemble de cette région.

Le Gasland (Terre-des-Oies) est en somme une toundra traversée du nord au sud par des rivières recueillant les eaux de nombreux lacs autour desquels nichent en abondance les cygnes et les oies sauvages. Il est bordé à l'Est par la chaîne Fallières qui est complètement séparée du massif central de la Nouvelle-Zemble par la grande et superbe plaine de France-et-Russie. En réalité le Gasland et la chaîne qui le borde constituent presque une île puisque les fjords Dolgaïa et Gussinicha se rejoignent par des chapelets de petits lacs à une très faible hauteur au dessus du niveau de la mer.

Pendant le mois d'août, après de nombreux dragages en Kostin-Charr, j'ai levé la carte de la baie de Rogatcheff, celle du grand fjord du Prince de Monaco qui borde le massif central de la Nouvelle-Zemble et les gorges de Dante dont la cassure perpendiculaire à la direction générale orographique du pays est de formation relativement récente.

La baie de Rogatcheff est bordée de massifs montagneux schisteux qui tous sont rongés par les eaux de fonte des neiges; des sillons creux très profonds coupent les bords du fjord du Prince de Monaco et présentent des formes analogues, toutes proportions gardées, aux cañons du Colorado; les embouchures de ces cañons sont caractérisés par des cônes de déjections considérables qui encombrent ce fjord et en rendent la navigation très difficile. Le fond du fjord est semé de plusieurs centaines d'îles basses dû aux apports de deux cañons plus importants que les autres.

Dans le milieu de la baie Rogatcheff surgit un groupe de roches de gypse d'une blancheur éclatante; c'est le seul de cette nature que nous ayons vu et la première fois que je l'aperçus de très loin, je le pris pour un iceberg; dans tout son voisinage l'eau est très profonde.

Le pic Rogatcheff est composé de grès feldspathique dans lequel les débris de quartz sont si nombreux que certaines plate-formes scintillent au soleil comme une gigantesque parure de diamants.

Autour du pic de Rogatcheff, les ilots sont nombreux; mais toutes les passes qui les séparent sont barrées par des moraines sous-marines en forme d'arcs de cercles tournés du côté de la sortie et dont la partie supérieure émerge seulement de 1 ou 2 mètres au dessus du niveau de la mer. En levant la carte de cette région, nous avons rectifié certains points du Kostin-Charr, de l'île Meducharski et de diverses îles.

Toutes nos récoltes géologiques et minéralogiques et tous nos dragages ont été minutieusement repérés. J'annexe à ce mémoire les cartes d'ensemble dressés après mon retour et une carte comparative de la région du Kostin-Charr *avant* et *après* notre séjour dans cette région.

Au cours du raid Candiotti, l'aspirant Nepveu a fait une station double au sommet du Wilzeck le 13 août vers une heure du matin. Voici quelques angles de nature a compléter les croquis annexés à ce mémoire :

Station côté Nord. -- 1050 mètres d'altitude.

O : origines des angles sur le mont pyramidal au dessus de la station du Matotschtsin-Charr.

Oα	32° 28'	βG	51° 55'
oβ	90° 55'	GG'	7° 37
ββ'	52'	GH	8° 55'
ββ''	13° 32', 5		
βγ	13 38', 5		

Dépressions à β'' 1 36

à β' — 1 46'

à la langue de terre 30', 5

en a 2° 10'

Orientation. A minuit 7 minutes

β à soleil 26 10'

Station côté sud. — 900 mètres altitude

$$n^3R = 24°$$
$$n^3\alpha = 15° 20'$$
$$RO = 31° 42'$$

A l'embouchure de la rivière Nabokova, sur les bords de la mer de Kara, M. Nepveu fit un levé approximatif du pays dont le croquis se trouve ci-joint et grâce à la mesure d'une base de 300 mètres put fixer à 28 kilomètres la distance entre la mer de Kara et les hautes chaînes de montagnes ; de grands plateaux couverts de mousses et semés de lacs couvrent cet intervalle.

Le 26 août. Station de la tempête (croquis A et B).

Deux stations en O et en O'

Station en O. —

	Angles horizontaux	Verticaux
Entrée		
b	180°	
a	177° 14'	
c	190° 33'	
d	206° 40'	3° 36'
Fond		
1	110°	1° 19'
As	356° 27', 5	2° 05' 30"
α_1	44"	1° 41'
α_2	1° 28'	
α'	21'	1 51'
β_1	4° 10'	
β_2	5° 27'	2 10'
β_3	5° 12'	1° 57'
β_4	6 17'	2 13', 5
[illegible]	8 57'	2 18'
[illegible]	12 30'	2 6
δ_1	11° 55'	
δ_2	13° 56'	
[illegible]	16 27'	2° 06'

Soleil bord supérieur.

Lunette à droite :	Heures	Angles horizontaux	Verticaux
	8h 54m 19'	72° 22'	14° 49' 30"
	8h 55m 31'	74° 49'	14° 52
	8h 57m 56'	75° 40'	14° 54' 18"
Lunette à gauche :	9h 00m 11', 5	76° 16'	
	9h 01m 4'	76° 31'	15° 02' 30"

Station en O'. — Même zéro.

	Angles horizontaux	Verticaux
a	7	
c	9° 18'	
d	27° 47'	3° 32'
α_3	185° 01'	1° 49'
$\beta_2 s$	189° 36'	2° 06'
β_4	190° 37'	2° 09'
γ_s	193° 04'	2° 13', 5
δ_s	193° 37'	2° 03'
ε_s	200° 30'	2° 03'

Visé la base O. — 91° 35.

Le 28 août. — M. Nepveu procède par la méthode des dépressions pour faire le plan du fond du golfe Inconnu. Voici le relevé des points successifs de gauche à droite (1).

1er point au fond de la baie.	38° 48'	1° 36'
ppl	55° 33'	1° 57'
Pointe 1	54° 17'	2° 10'
cbc	59° 24'	2° 28'
- - -	59° 58'	2° 34'
Pointe 2	59° 42'	2° 42'
ppl	62° 55'	3° 06'
Pointe 3	62° 37'	3° 11'
ppl	67° 06'	4° 03'

La presqu'île cache les autres points jusqu'à la pointe 4.

Pointe 4	62° 26'	5° 03'
ppl	61° 48'	5° 16'

1. L'indication « ppl » signifie que le point qui la comporte doit être joint au précédent par une ligne droite. « cbc » indique qu'il doit être joint au précédent par une courbe.

Pointe de la Baie des Saumons. . . .	69° 17'	5° 45'
Le camp. Base du piquet AR	68° 45' 5	5° 25' 5
Pointe 4'	74° 19'	5° 08'
Pour faire un arrondi convexe	73° 37'	4° 43'
—	85° 14'	4° 08'
—	88° 15'	4° 26' 5
Fond ouest du Delta.	89° 08'	4° 53'
Pour suivre le Delta	83° 22'	5° 03'
—	78° 28'	5° 36'
—	73° 27'	6° 18'
—	71°	6° 50'
De la pointe du Delta	58° 34'	7° 16'
Au fond du NG.	51° 15'	7° 34'
—	42° 02'	7° 20'
. . . .	36° 07'	6° 45'
Fond du NG.	22° 51'	5° 08'
—	27° 33'	4° 44'
Pointe 5	28° 58'	4° 18'
—	28° 58'	4° 10'
Fond de sac.	26° 06'	3° 42'
ppl	35° 22'	3° 05'
Pointe Z	42° 07'	2° 34'
Ile 1.	43° 16'	2° 53'
— 2.	44° 31'	2° 49'
Pour le contour de la baie X	38° 41'	2° 28'
Fond	36° 02'	2° 45'
Point z'	34° 20'	2° 34'
Ilot dans la baie	34° 20'	3° 07'
—	34° 51'	2° 36'
. . . .	35° 17'	2° 36'
z'	35° 17'	2° 28'
K	40° 45'	2° 16'
K'	41° 45'	2° 09'
K"	41° 45'	1° 35'
Direction de la Boussole. Iles de la baie X		S 62° E
— Pointe du camp.		S 35° E

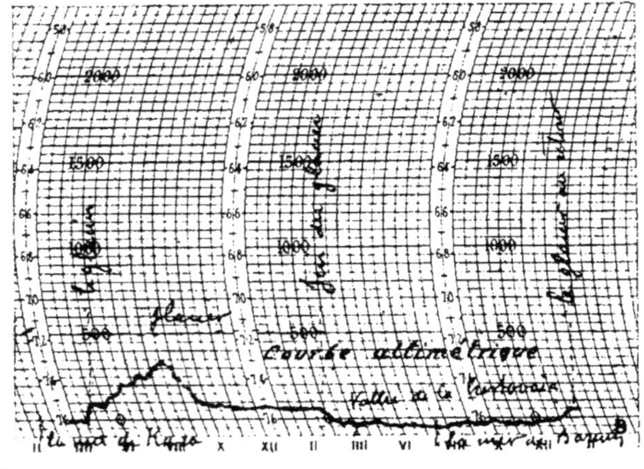

COURBE DU BAROMÈTRE ALTIMÉTRIQUE
tracée pendant la traversée de l'île de Barentz (Nouvelle Zemble)

Deux stations en O et en O' furent faites pour déterminer la station précédente de dépression.

Le dernier travail topographique de l'aspirant Nepveu fut le levé à la boussole exécuté pendant la traversée de l'île de Barentz par le docteur Candiotti, du Golfe Inconnu à la baie Chrestovaïa. Les indications de la boussole furent relevées directement sur le plan.

La direction fondamentale de N75°E de la boussole qui correspondait au N55°E magnétique avait été tracée sur le plan. Les chaînes de montagnes AA' et BB' ont presque toutes une altitude de 800 à 900 mètres. Le col qui sépare l'ensemble des deux glaciers qui vont l'un vers la mer de Kara, l'autre vers la mer de Barentz, est à 250 mètres de hauteur.

La chaine située sur la rive droite de la Chrestovaïa et d'où descendent plusieurs glaciers a une altitude de 4 à 600 mètres jusqu'à l'estuaire.

Observations électriques.

Des observations électriques et magnétiques avec ou sans appareils enregistreurs ont été exécutées par MM. les aspirants Nepveu et Mœvus en Hollande, en Norvège et à l'observatoire de fortune installé dans la maison samoyède, de la Belusha bay.

M. Nepveu a procédé à des mesures électriques au Matotschin-Charr, en particulier du 15 au 20 septembre, pendant les aurores.

Les résultats des observations et les graphiques des enregistreurs seront publiés ultérieurement.

Observations résumées de M. le Médecin-Major CANDIOTTI sur les Maladies propres au Matotschin-Charr.

Quelques rhumatismes articulaires dont nous avons eu à souffrir. Une congélation superficielle du gros orteil gauche, accident assez fréquent et dont j'ai trouvé les traces sur plusieurs Samoyèdes ; mais jamais, à aucun moment, la moindre bronchite, le moindre petit rhume. L'eau fraiche et pure ne provoqua jamais de malaises. Ceci semble devoir confirmer le résultat de mes recherches bactériologiques qui m'avaient amené à conclure à la présence loin de toute habitation d'un air pur et aussi à la pureté absolue de l'eau loin des points de contamination.

Je n'ai pas rencontré au Matotschin-Charr les affections tuberculeuses que j'ai signalées au Kostin-Charr ; une vieille femme seule était malade et aveugle : cécité consécutive à une conjonctivite granulaire de vieille date.

Nota. — Un fascicule spécial sur les travaux de bactériologie, rédigé par le docteur Candiotti, a déjà paru.

Un note sur l'épidémie de choléra à Arkhangelsk, a été également publiée.

Histoire naturelle et océanographie.

Les collections importantes que le docteur Candiotti, le géologue Roussanoff et moi-même avons rapportées de l'Océan Glacial, du Kostin-Charr et du Matotschin-Charr ont été envoyées au Muséum d'Histoire naturelle de Paris et distribuées. Des fascicules seront publiés au fur et à mesure que les études seront terminées par les spécialistes. Un travail d'ensemble sera publié en dernier lieu sur la faune et la flore de la Nouvelle-Zemble.

Pêches maritimes.

Les études que j'ai faites en Laponie, dans la mer de Barentz et en Nouvelle-Zemble, paraîtront dans un fascicule particulier fait en collaboration avec le professeur Parmentier.

Ethnographie.

Les collections de costumes, d'ustensiles, d'objets et de dessins samoyèdes ont été installées dans une salle du Musée ethnographique de la Faculté de Médecine de Bordeaux, par M. le docteur Lemaire, conservateur. Ces collections feront l'objet d'une publication illustrée en couleurs.

Photographie.

Un fascicule sur nos observations photographiques sera publié ultérieurement par M. l'ingénieur Blanchet, de la maison Jules Richard, qui avait installé à bord du *Jacques-Cartier* le laboratoire de photographie.

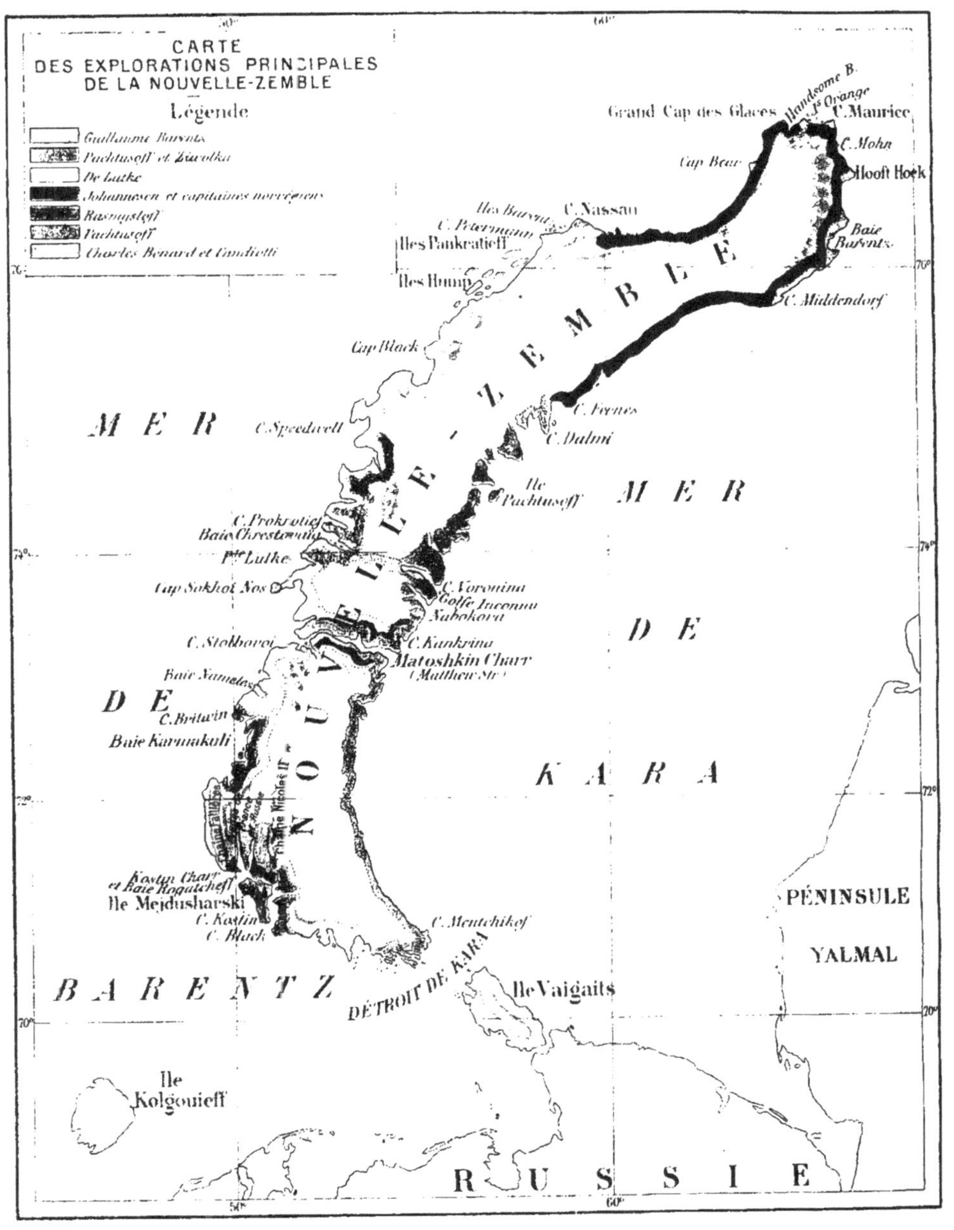

H. Demoulin, Sc.

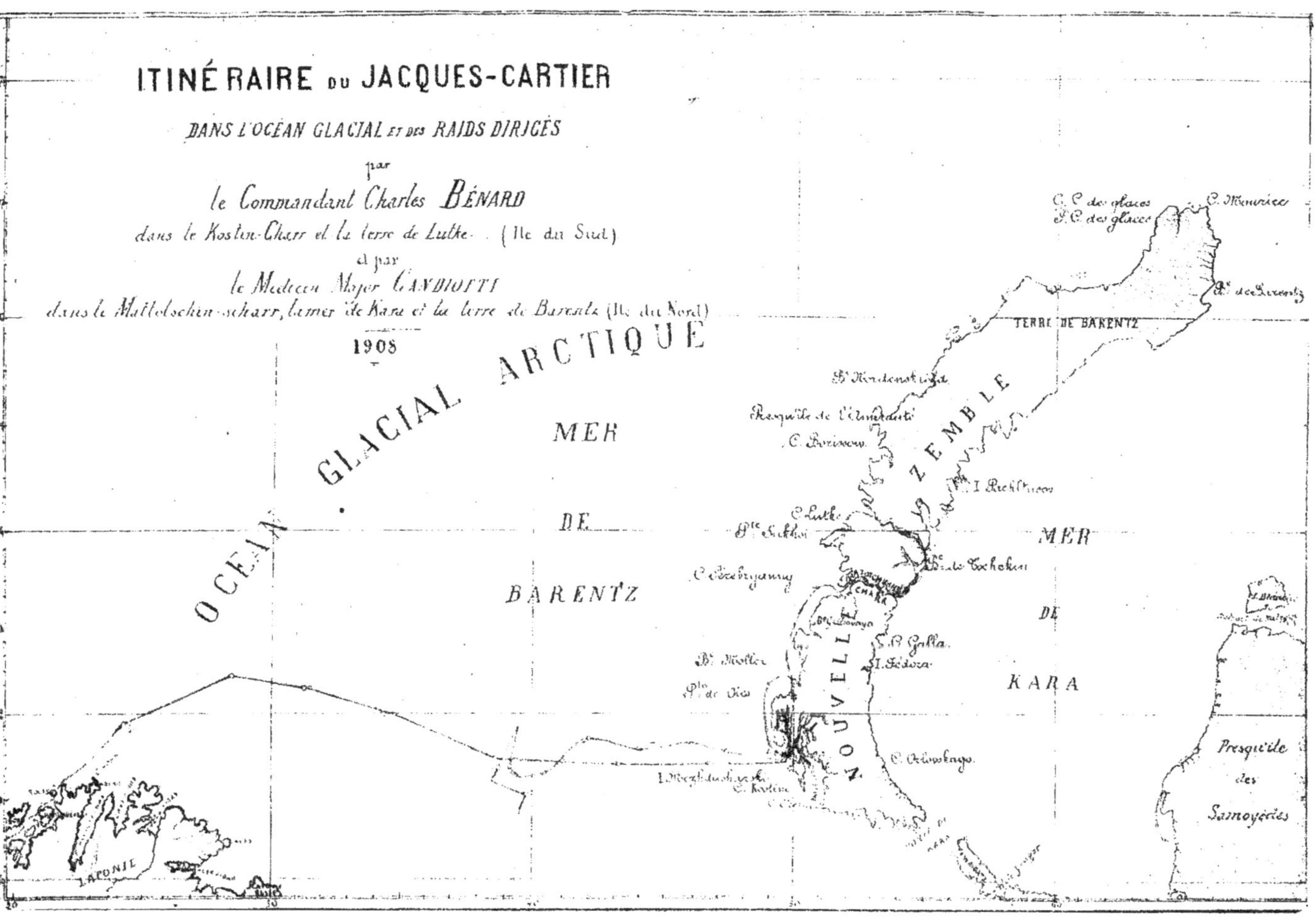
ITINÉRAIRE du JACQUES-CARTIER
DANS L'OCÉAN GLACIAL et des RAIDS DIRIGÉS
par
le Commandant Charles BÉNARD
dans le Kostin-Charr et la terre de Lutke. (Ile du Sud)
et par
le Médecin Major CANDIOTTI
dans le Matotschin-scharr, la mer de Kara et la terre de Barentz (Ile du Nord)
1908
OCÉAN GLACIAL ARCTIQUE
MER DE BARENTZ
MER DE KARA
NOUVELLE ZEMBLE
TERRE DE BARENTZ
C. Mauricee
Presqu'île des Samoyèdes
LAPONIE
I. Fédora
C. Lutke

NOUVELLE-ZEMBLE

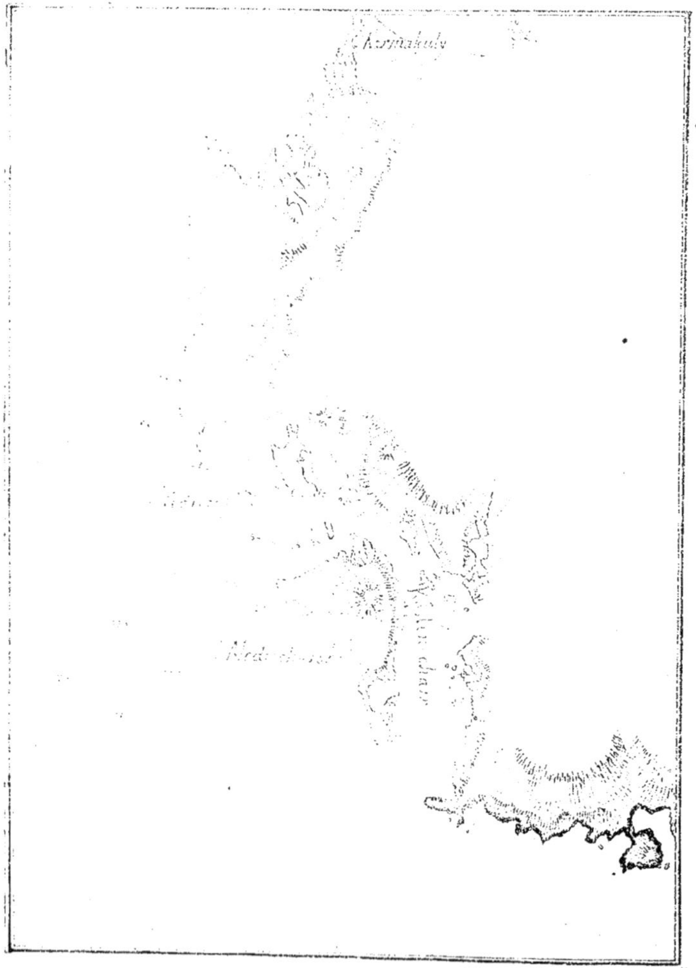

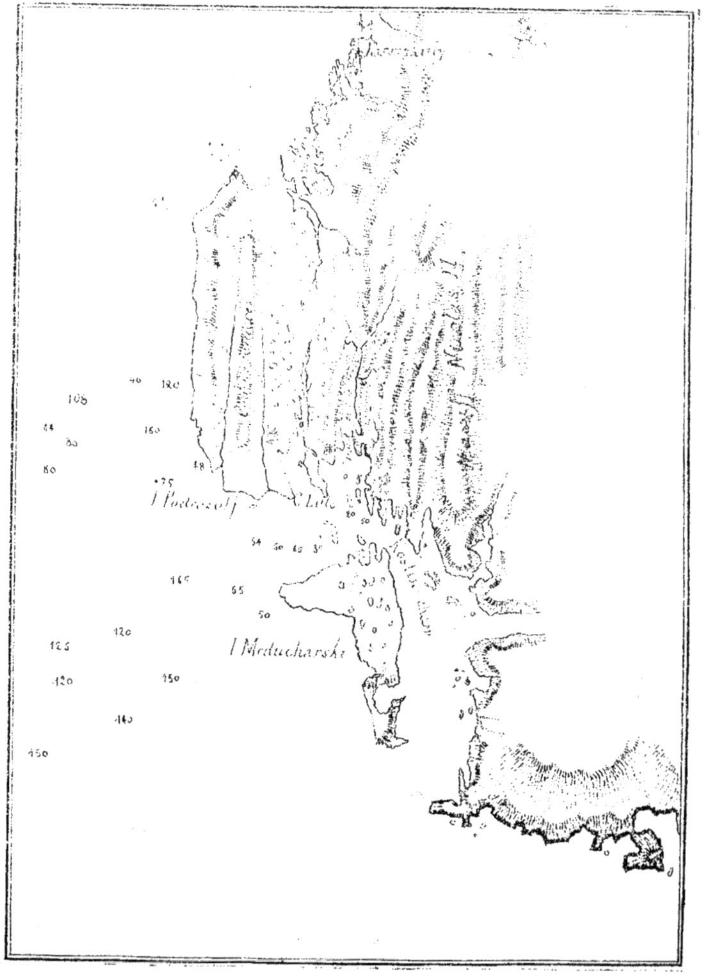

Itinéraire schématique du raid du Docteur Candiotti dressé par l'aspirant Nepveu

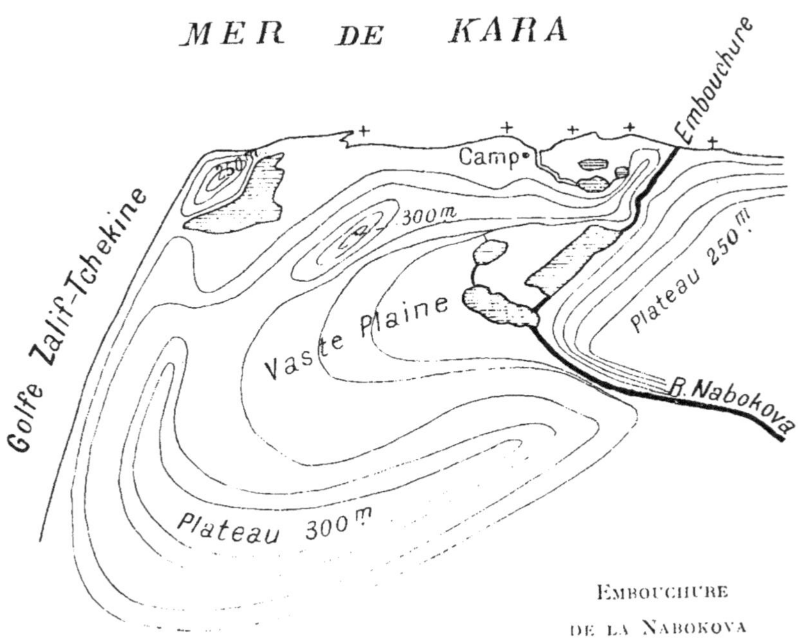

EMBOUCHURE
DE LA NABOKOVA

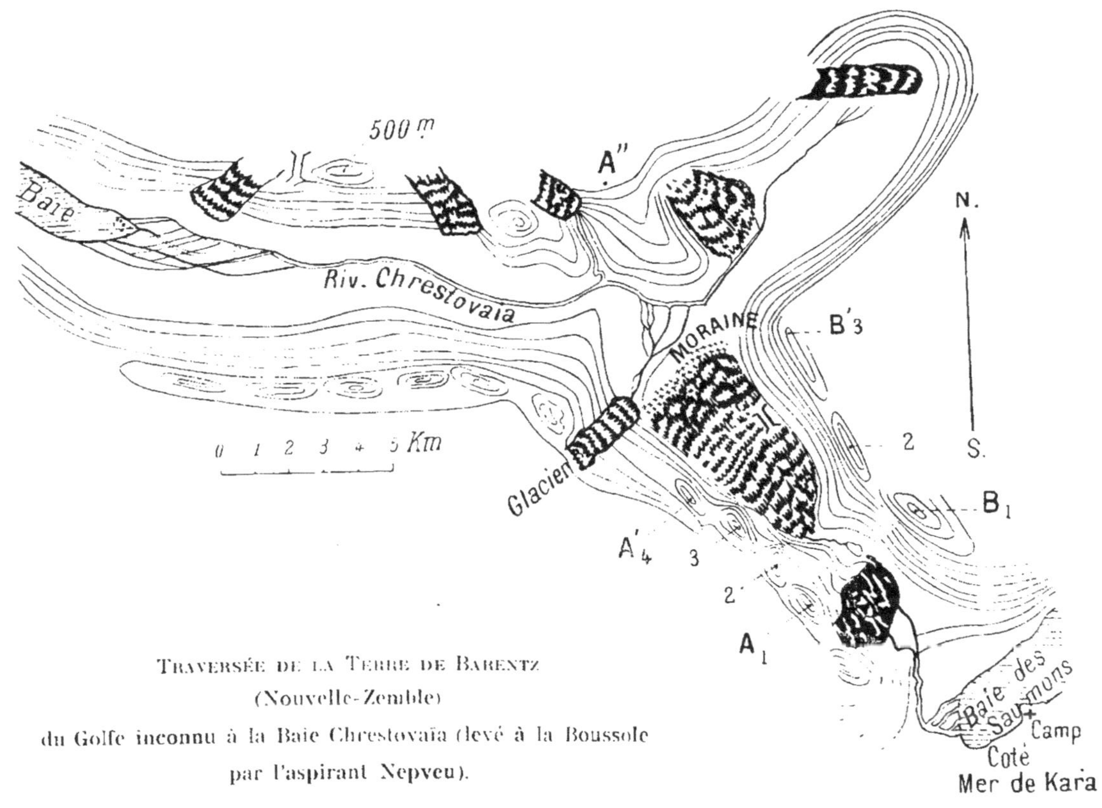

Traversée de la Terre de Barentz
(Nouvelle-Zemble)
du Golfe inconnu à la Baie Chrestovaïa (levé à la Boussole
par l'aspirant Nepveu).

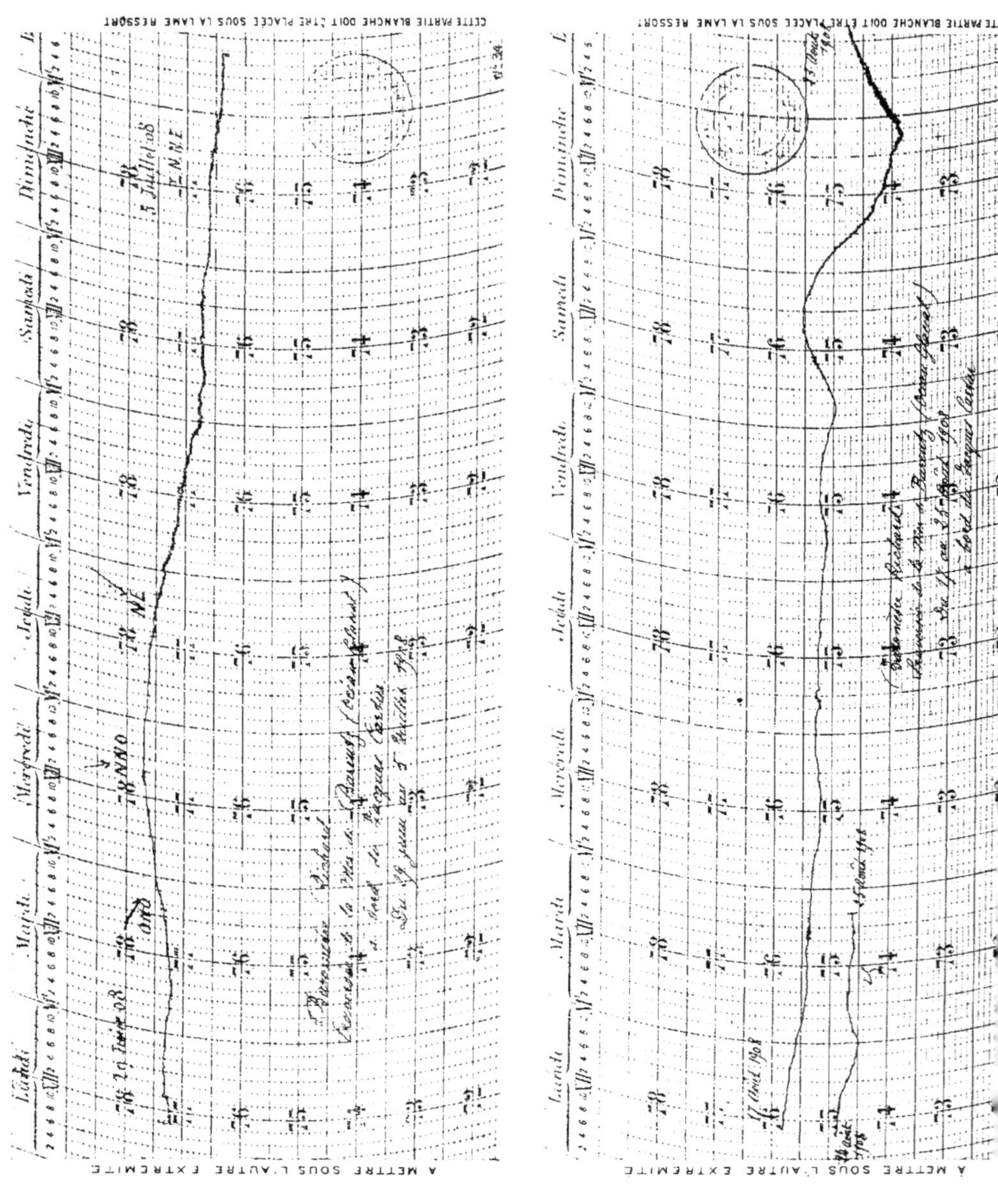

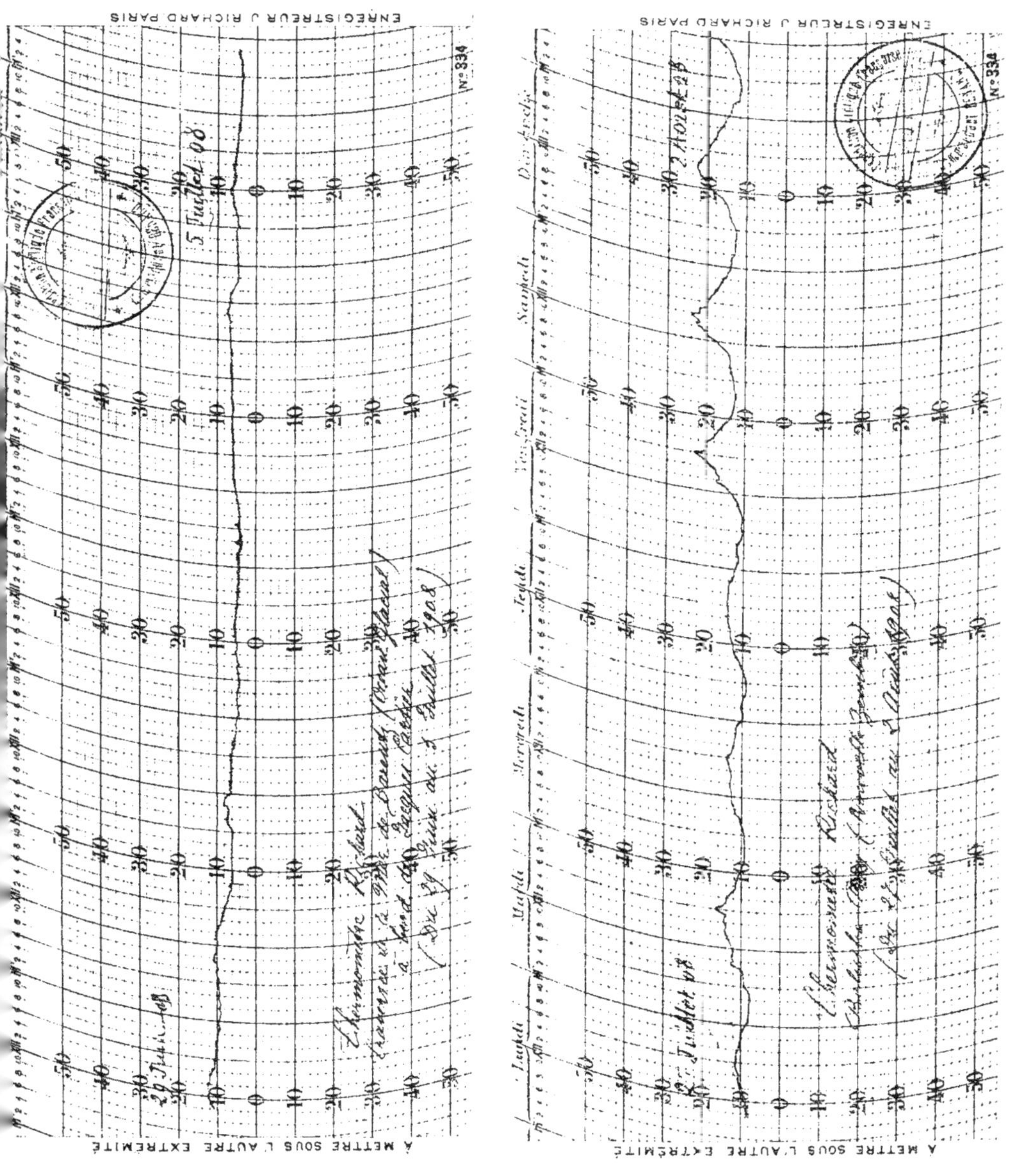
ENREGISTREUR J RICHARD PARIS
N°334
A METTRE SOUS L'AUTRE EXTRÉMITÉ
ENREGISTREUR J RICHARD PARIS
N°334
A METTRE SOUS L'AUTRE EXTRÉMITÉ

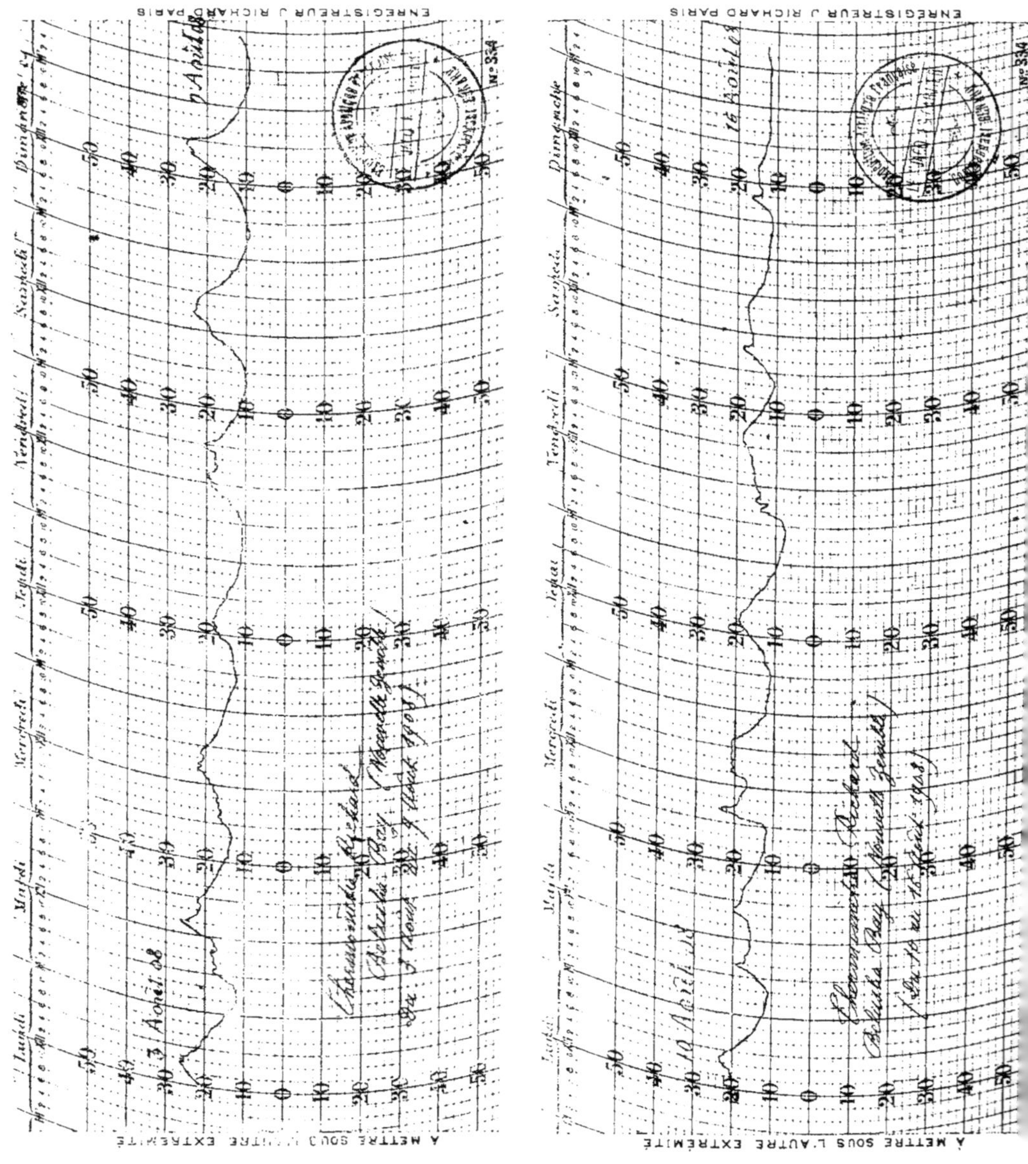
ENREGISTREUR J RICHARD PARIS
À METTRE SOUS L'AUTRE EXTRÉMITÉ
ENREGISTREUR J RICHARD PARIS
À METTRE SOUS L'AUTRE EXTRÉMITÉ

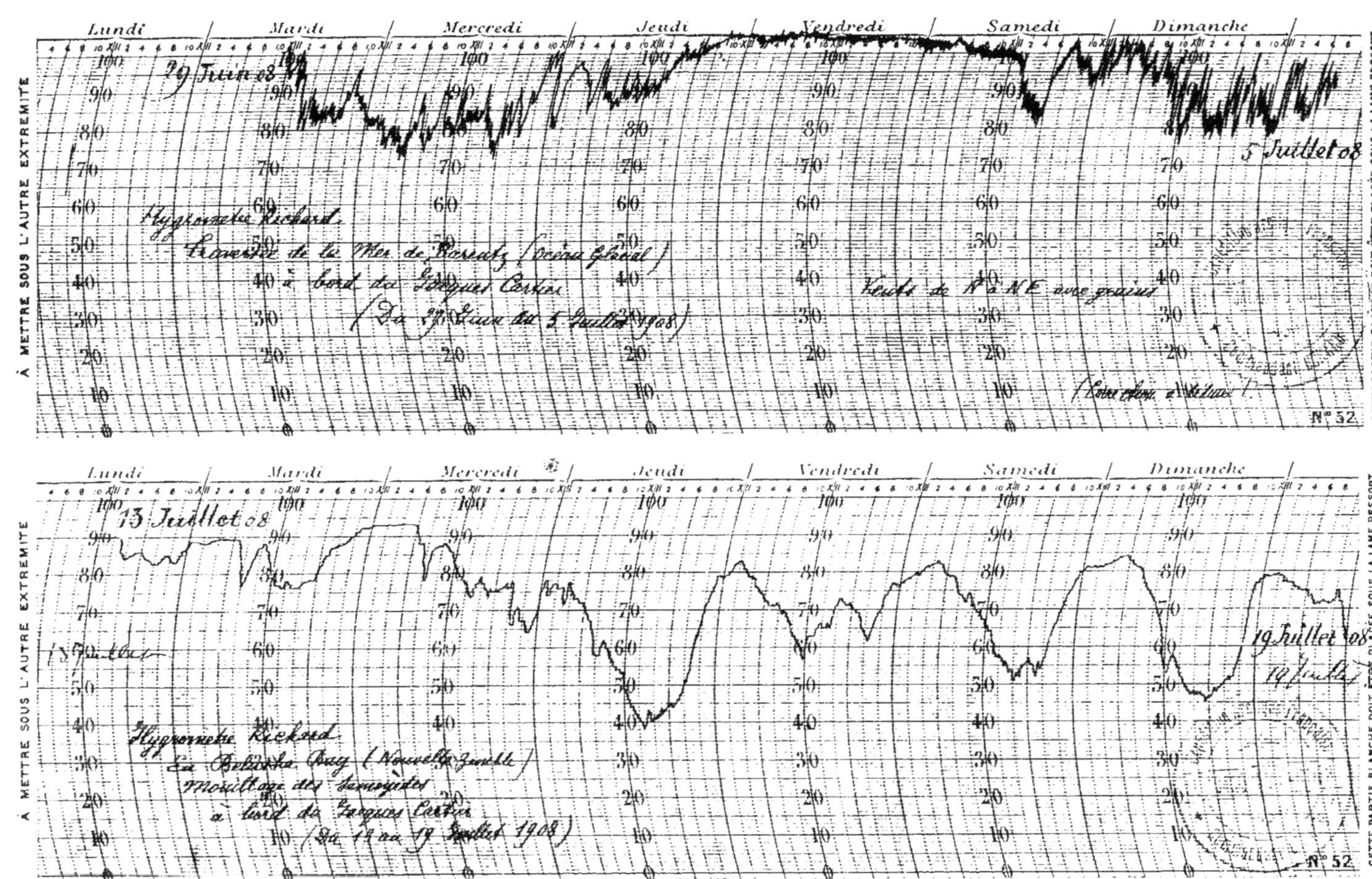
Lundi
Mardi
Mercredi
Jeudi
Vendredi
Samedi
Dimanche
29 Juin 08
5 Juillet 08
N° 52
À METTRE SOUS L'AUTRE EXTRÉMITÉ
CETTE PARTIE BLANCHE DOIT ÊTRE PLACÉE SOUS LA LAME RESSORT
Lundi
Mardi
Mercredi
Jeudi
Vendredi
Samedi
Dimanche
13 Juillet 08
19 Juillet 08
N° 52
À METTRE SOUS L'AUTRE EXTRÉMITÉ
CETTE PARTIE BLANCHE DOIT ÊTRE PLACÉE SOUS LA LAME RESSORT

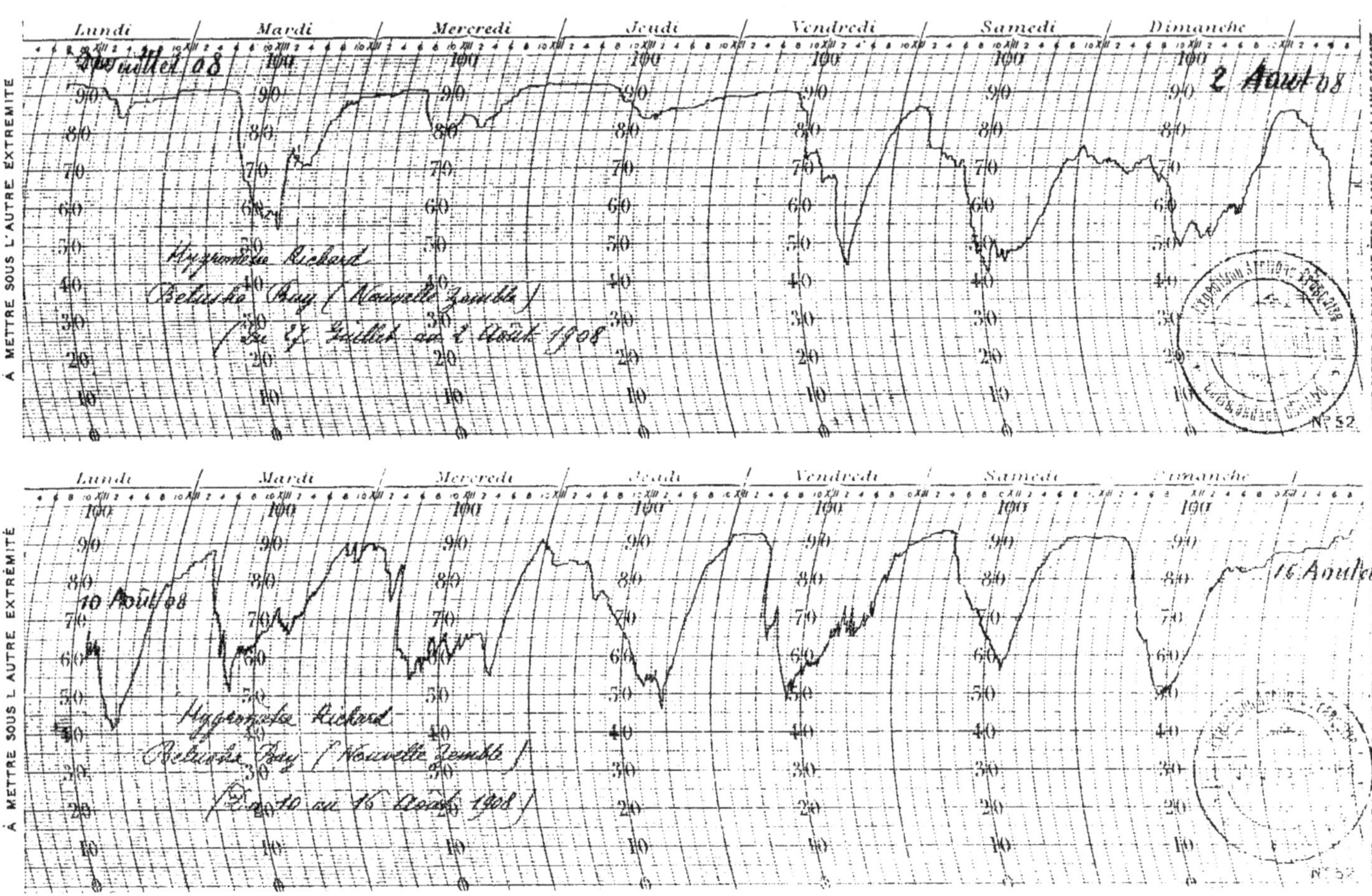

Lundi
Mardi
Mercredi
Jeudi
Vendredi
Samedi
Dimanche
2 Août 08
Hygromètre Richard
À METTRE SOUS L'AUTRE EXTRÉMITÉ
CETTE PARTIE BLANCHE DOIT ÊTRE PLACÉE SOUS LA LAME RESSORT
N° 52
Lundi
Mardi
Mercredi
Jeudi
Vendredi
Samedi
Dimanche
10 Août 08
Hygromètre Richard
À METTRE SOUS L AUTRE EXTRÊMITÉ
CETTE PARTIE BLANCHE DOIT ÊTRE PLACÉE SOUS LA LAME RESSORT

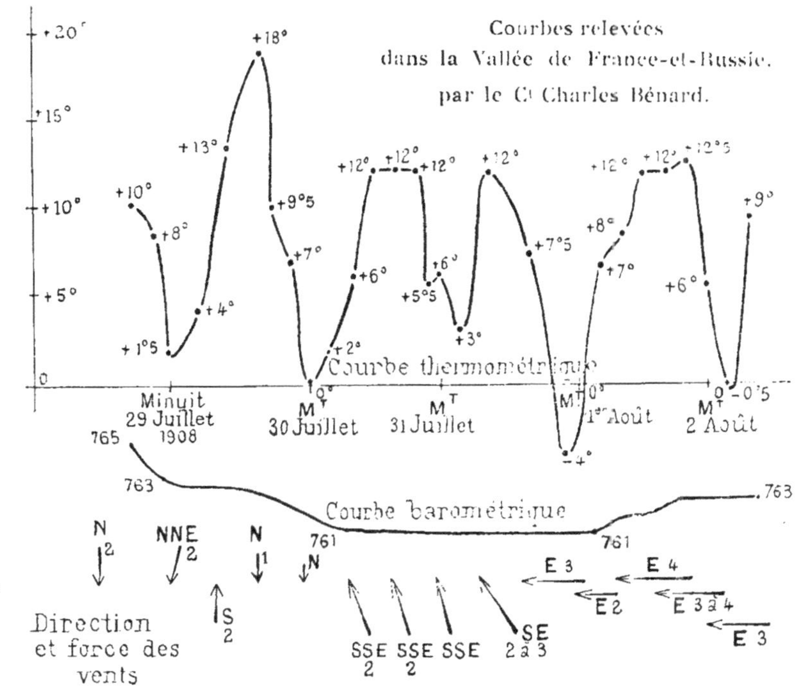
Courbes relevées
dans la Vallée de France-et-Russie.
par le Cᵗ Charles Bénard.
Courbe thermométrique
Courbe barométrique
Minuit
29 Juillet
1908
30 Juillet
31 Juillet
1er Août
2 Août
Direction
et force des
vents

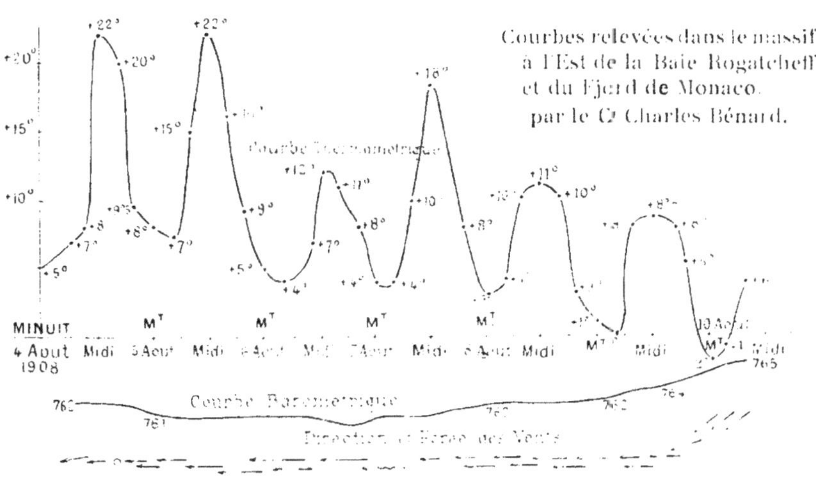
Courbes relevées dans le massif
à l'Est de la Baie Rogatcheff
et du Fjord de Monaco.
par le Cᵗ Charles Bénard.
Courbe thermométrique
MINUIT
4 Aout
1908
Courbe Barométrique
Direction et Force des Vents

Vues prises du sommet du Wiltzeck
par l'aspirant Nepveu.

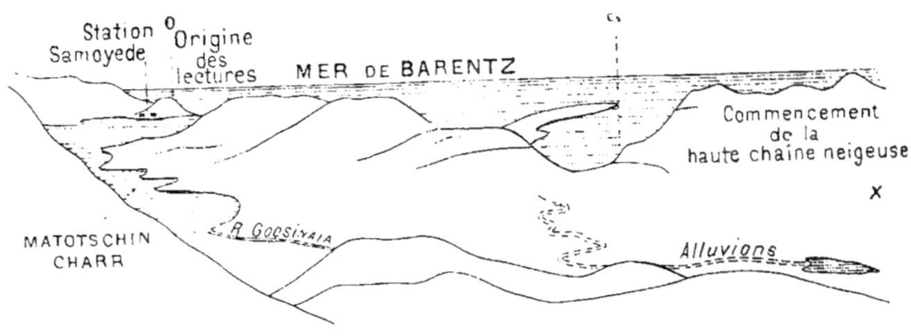

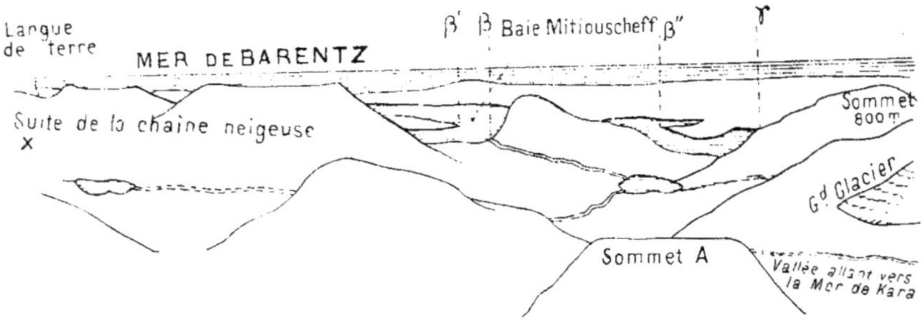

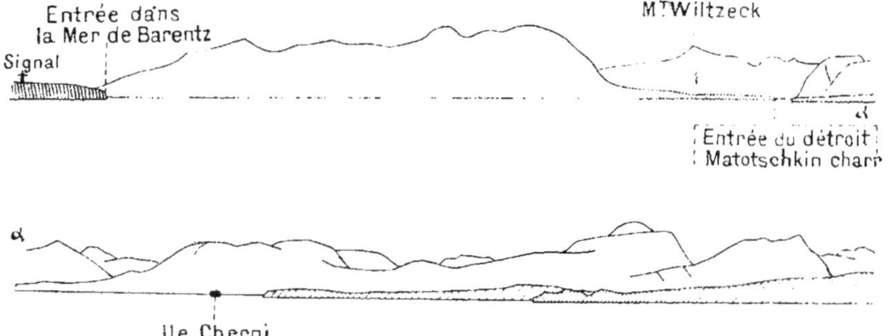

Vue de l'Entrée du détroit de Matotschin harr
depuis la Maison Borissoff à 30 mètres au Nord de la Croix,
dressée par l'aspirant Nepveu.

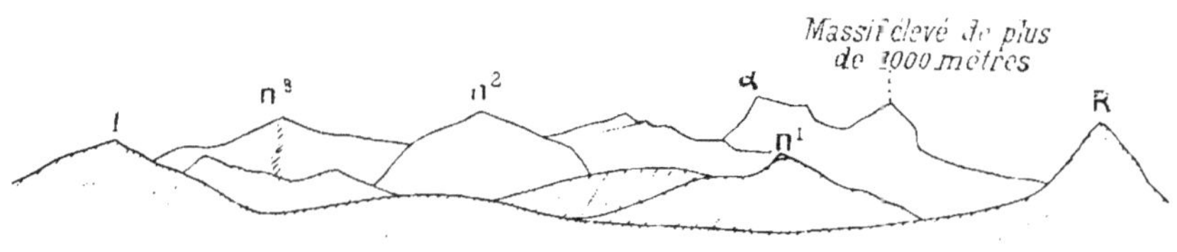

Vue du haut du Wiltzeck (coté Sud).
(Carte M)

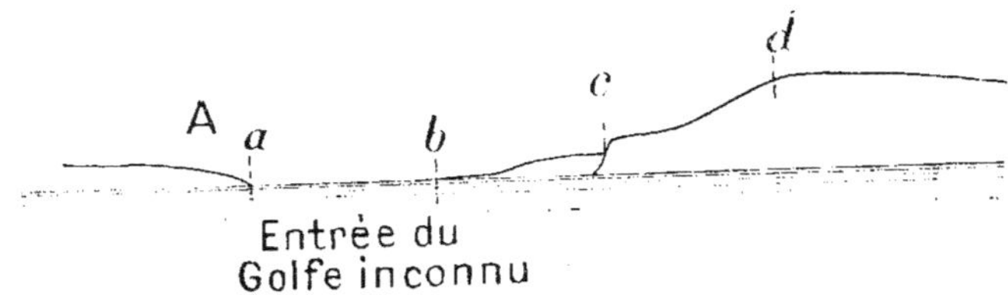

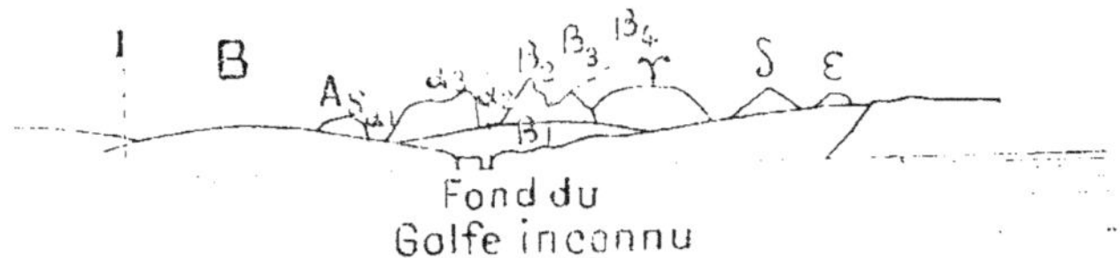

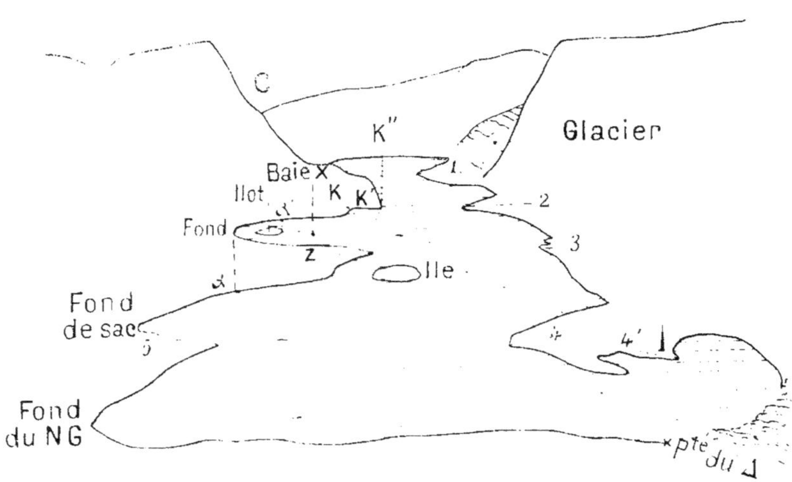

Station de la Tempête (A et B.)
Plan du fond du Golfe inconnu (C)
dressé par l'aspirant Nepveu.

www.ingramcontent.com/pod-product-compliance
Lightning Source LLC
LaVergne TN
LVHW011952160826
845678LV00002B/508

* 9 7 8 2 3 2 9 6 9 0 1 8 6 *